定制家具设计与制造

CUSTOMIZED FURNITURE DESIGN AND PRODUCTION

理想·宅　编

中国电力出版社
CHINA ELECTRIC POWER PRESS

内容提要

全书分为三个部分，第一部分主要介绍并分析定制家具行业的历史、发展现状和未来；第二部分主要介绍从事定制家具行业需要具备的条件，包括服务、设计和产品的制作、生产等；第三部分主要介绍定制家具运用到的材料、定制家具单品设计和全屋定制。

其中，重点内容集中在生产制作环节和产品设计环节，无论是想要进入定制家具行业，还是已经进入到行业内的企业，都能从中获取到各自所需的内容。

图书在版编目（CIP）数据

定制家具设计与制造 / 理想·宅编 . — 北京 : 中国电力出版社，2018.9（2020. 8 重印）
ISBN 978-7-5198-2231-6

Ⅰ. ①定… Ⅱ. ①理… Ⅲ. ① 家居 - 设计 . ②家具 - 生产工艺

Ⅳ . ① TS664

中国版本图书馆 CIP 数据核字（2018）第 155619 号

出版发行：中国电力出版社
地　　址：北京市东城区北京站西街 19 号（邮政编码 100005）
网　　址：http://www.cepp.sgcc.com.cn
责任编辑：乐　苑（010-63412609）
责任校对：黄　蓓　李　楠
装帧设计：北京锋尚制版有限公司
责任印制：杨晓东

印　　刷：北京盛通印刷股份有限公司
版　　次：2018 年 9 月第一版
印　　次：2020 年 8 月第二次印刷
开　　本：787 毫米 ×1092 毫米　16 开本
印　　张：12
字　　数：300 千字
定　　价：68.00 元

前言

Preface

定制家具的历史由来已久，于 20 世纪 80 年代末便经由香港逐步传入内地，至今天为止，定制家具依然处在蓬勃的发展期，并将迎来属于定制家具的时代。

对于想要从事定制家具与生产的小型企业，急需一本具有指导性质的图书，帮助其快速了解定制家具的历史、行业发展现状和企业的运营方式。然而，本书并不仅仅将重点放在行业介绍、企业经营方面，而是将更多的心思放在定制家具的核心环节——定制家具产品。

毋庸置疑，良好的设计产品是企业的立命之本，只有设计出符合大众审美品味、赢得消费者青睐的产品，才能帮助企业在竞争日益激烈的定制家具行业中脱颖而出。

本书的前半部分，集中介绍了定制家具的历史、市场现状，并大胆地预测了定制家具的未来发展；随后，分析了经营企业需具备的条件，如前端服务环节、设计研发环节以及生产环节等。其中，重点地讲解了定制家具材料和生产制作环节，避免了浮艳不实的文字，将实在的经验书写出来。

后半部分将重点放在产品设计环节，包括各类定制单品的设计，如定制衣柜、定制家具和全屋定制等。其中，以图解的形式列举了精品定制单品，有着丰富的产品图片和设计文件（CAD），通过阅读本书，便可直接掌握定制家具的设计潮流和设计建议。

总而言之，本书以实用性为出发点，围绕定制家具的各个环节展开叙述，力图帮助读者从中获取到符合自身需求的内容。

参与本书编写的有武宏达、邓毅丰、张琳、王迎迎、赵磊、张晓璐、朱丽娜、刘哲、朱丽萍、刘沛沛、李露、杨博、田甜、蒋晶、陈波、郭蕾、刘霞、周启航、陈曼、赵妍、李淼、李媛媛、高蒙蒙、韩露露、黄肖、杜玲、李雪梅、杨丽娟、李艳萍、赵丽芳、李世萍、彭飞、陈玲玲、黄晓霞、何建林、赵世娟、谢倩、李淼、杨志平、肖玲玲。

限于时间和作者水平，疏漏和不妥之处在所难免，恳请广大读者批评指正。

目录

Contents

目录
Contents

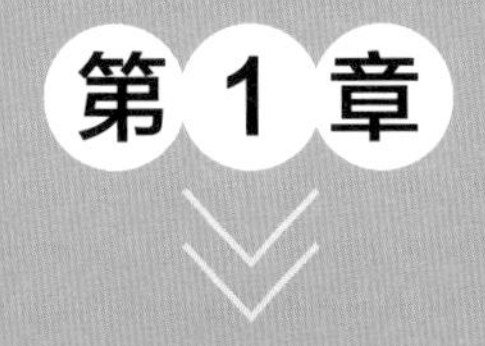

了解定制家具

定制家具的历史

定制家具的现状

定制家具的未来趋势

定制家具的核心三要素

1.1 定制家具是怎样产生的

定制家具最早出现在欧美等国家，于 20 世纪 80 年代末经由香港逐渐传入我国内地，起初以整体橱柜的形式为主，出现了一大批橱柜定制企业。由于国家政策的倡导、房地产市场和房屋室内装修热潮的发展而逐渐壮大，定制家具涵盖橱柜、衣柜以及沙发、餐桌等大型家具，超越传统的成品家具，成为家具产业的中坚力量。

定制家具由成品家具演变而来，大致可划分为四个阶段。

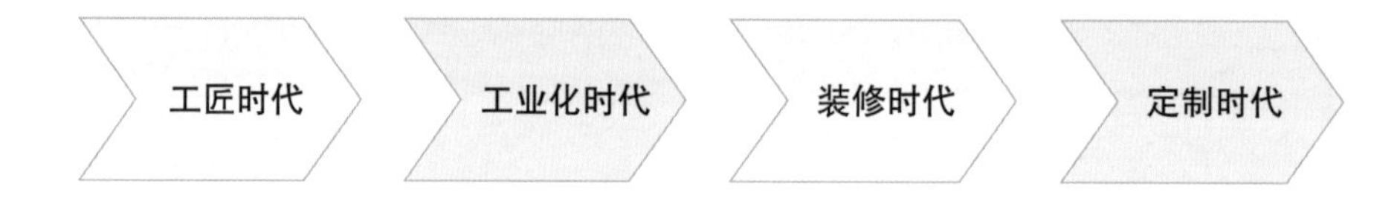

1. 工匠时代

新中国成立之后，中国家庭所使用的家具主要是靠传统的木匠师傅进行手工打制，其家具的质量与精巧程度主要取决于选用的木材质量和工匠个人的手艺。

2. 工业化时代

改革开放之后，中国的工业制造水平不断提高，家具制作也正式进入了工业化时代，成品家具大量地涌入市场，品种多样，样式精美，价格相比较工匠制作的家具便宜，因此受到广大消费者的喜爱。传统的工匠手工打制家具，慢慢地淡出市场。

3. 装修时代

随着市场经济的发展，百姓消费水平的不断提高，人们越来越重视家居环境的美化，对家具制作的要求也越来越高，渴望家具能够根据房屋空间的大小和布局进行个性化设计。此时，大批量的装修工人涌入市场，装修公司开始批量的出现，致使人们请木工师傅在房屋内，根据布局和空间大小来“定制”家具，其中多数为衣柜以及一些固定安装在房屋内的矮柜。

4. 定制时代

由于装修工人的水平有限，根据房屋尺寸“定制”的家具虽然实用，但在美观度上却不如成品家具。各大家具厂商抓住时机，结合先进的工业化设备，采用先进的家具制作材料，压缩成本，提升美观度，吸引了大批量的消费者，使家具制造行业正式进入了定制时代。随着时间的推移，定制家具全面的取代了成品家具，成为最受消费者青睐的家具产品。

进入 21 世纪，国内一部分具有敏锐嗅觉和市场远见的企业家开始吸收、学习和借鉴在欧美、日本等地流行的定制家具理念，结合手工打制、成品家具、装修设计等各自的特点和优势，创立了最早的一批家具品牌。

1.2 定制家具的核心解读

了解定制家具的核心，需从三方面入手。

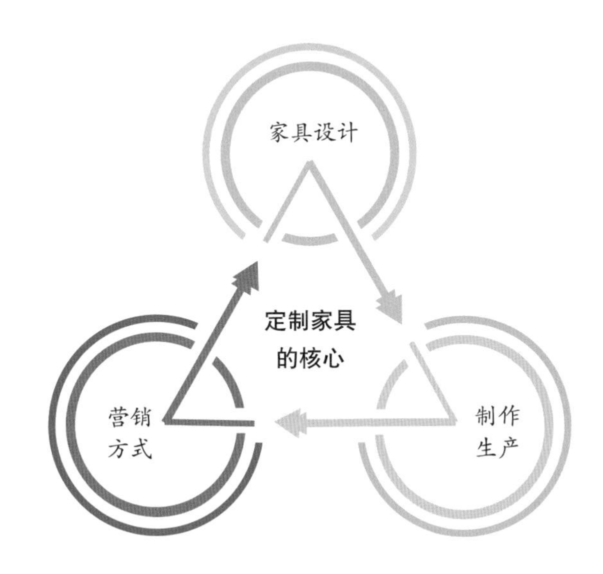

1. 家具设计

定制家具和传统的成品家具相比，设计方式更复杂，涉及的环节更多，对细节的把控比较严格。定制家具的设计必须考虑功能、美观度和技术三要素的结合，并以此作为设计的评判标准和思维拓展脉络。家具设计是生产制作和市场销售的中心环节，具体的家具设计样式，决定了生产制造的模式和先进程度；而家具设计样式的艺术美感，则直接影响了定制家具的销售绩效和消费者满意度。

家具设计不能闭门造车，要与企业大数据平台整合到一起，充分了解消费者的需求信息，并将总结出来的经验贯穿产品研发、生产、销售等环节，使其达到标准化、模块化、信息化、个性化，同时交互性、体验感等要素也不可或缺。

定制家具的设计过程分两个方面，一是开发过程，二是设计过程。开发过程主要是建立面向大规模定制的产品模型和过程模型，形成产品主结构和零部件的主模型、主文档；设计过程主要是根据客户的需求，在上述主模型、主文档的基础上，采用变形设计和配置设计等方法迅速设计出定制的产品。

设计过程中需要注意的问题是，市场必要的多样化选择和企业内部的多样化控制。因此，十分强调产品结构、生产过程和组织结构的简化和重用。

2. 制作生产

定制家具的生产模式与传统的工业化生产模式完全不同，在生产方式上已不是单纯的加工制造层面，而是以大规模的定制方式为核心。其本质是以大规模生产的成本与速度来满足大众化定制市场的需求，这种方式推动并彻底改变了企业的设计技术、制造技术、营销技术和管理技术。

标准化、模块化、信息化、柔性化是企业的技术核心。从制造技术来看，定制企业要具备自动化制造技术、合理化制造技术和可重构制造系统，以保证其加工能力有足够的变通性，能同时满足多种不同规格、品种的零件加工，实现效率的高效化、实效化。

可重构制造系统能有效的降低成本、减少多样性，提升所配置软硬件的使用度，但与此同时，原材料和半成品也要有很好的通用性，才能更好地降低成本，提升生产效率。

3. 营销方式

与传统的成品家具的营销方式不同，定制家具的营销核心是互联网技术的应用，虚拟现实技术和电子商务技术是常用手段。这就说明，设计是定制家具很重要的一个营销手段，店面设计师通过设计软件，在现场与消费者沟通，并根据消费者的个人喜好、生活习惯、装修风格、居室环境等设计出满足消费者个性化需求的产品，以完成整个的营销过程。然后，设计师将这个“虚拟产品”编排订单数据，下发到工厂。工厂把订单按照零部件拆分，车间则对零部件进行加工制造，最后通过条形码控制系统，将不同的零部件分别汇集成不同客户的“真实产品”，并包装配送到客户家中。

由于定制家具设计与生产的特殊性，企业的营销方式与电子商务平台完美契合。定制家具企业都会利用电子商务技术和信息技术，构建专门的电子商务系统平台来带动营销，即可在网络平台上采集订单，也可通过电子商务平台展示与推广家具产品。

同时，线下实体店有打折、相关的优惠活动，或者服务预定等环节，均展示在电子商务平台，并将消息推送给互联网用户，吸引他们去实体店体验成交。电子商务平台可实时统计消费数据提供给商家，为下一步的营销策略和产品研发提供数据支持。

1.3　定制家具的市场现状

定制家具凭借量身定做、性价比高、生产周期短以及空间利用率高等特点，使其迅速地发展壮大，与成品家具并驾齐驱，占据整个家居行业的半壁江山。而系统分析其市场现状，则有如下几点。

1. 品牌众多，质量良莠不齐

相比较欧美等国家，国内的定制家具行业起步较晚，但巨大的市场吸引了众多具有前瞻性眼光的企业家，成立了定制家具公司，这些第一批“吃螃蟹”的企业，如今已成为在市场上占有重要份额的品牌。与此同时，除了这些知名的大企业，市场上又出现了外资企业、合资企业，以及众多的微小企业，使行业内竞争越来越激烈。

其中，微小企业的规模通常不足百人，有运作灵活，服务优秀等特点，可以满足消费者的多元化需求。但是，其产品质量难以保证，致使定制家具市场的产品质量良莠不齐。

随着涌入定制家具行业的企业越来越多，设计抄袭现象普遍，消费者不能得到真正的个性化设计。而一些企业的诚信度较差，实际使用材料与协定时所选材料不符，以次充好，导致定制家具的成品材料、色泽不统一，整体质量较差，遭到客户投诉。这些企业在公司实力、设计人员能力上普遍达不到行业的中上水准，却有着“专业定制”的宣传口号，致使整个行业口碑下降，消费者的满意度降低。

2. 生产模式先进，管理科学

定制家具企业在对市场有足够了解和认识的情况下，进行大规模定制、精细化生产、便捷化制造，并使用先进的加工设备和管理软件，将现代网络信息技术与企业有效的结合，使生产流程更加流畅，生产效率得到大幅度提升。

虽然不同的企业在执行层面不尽相同，但基本实现了信息一体化管理体系，这种管理体系集设计、生产、销售、物流以及客户、供应商于一体，使定制家具的设计、生产、营销实现无缝衔接，成为一个整体。

一些大型企业，设计与生产由电脑系统控制，消费者下单完成，即可开始拆单生产，生产效率得到大幅度提高，整个过程基本实现自动化生产。生产出来的产品是单体的模块或零部件，打包配送到客户家里，再由专业的安装工人安装，大大地缩短了交货周期。

3. 注重环保，以及使用新型材料

定制家具的原材料主要由板材和五金配件构成。其中，板材包括刨花板、中纤板、细木工板、实木等；板材表面的饰面则包括胶膜纸饰面、涂料饰面、PVC 饰面等；五金配件包括锁、连接件、铰链、滑轨、拉手、支撑件等。

随着大众对环保安全意识的重视与提高，以及国家相关标准的不断颁发，企业也越来越重视无醛材料的研发和使用。绿色安全的禾香板便是其中之一，它是所有板材中甲醛含量最低的基材，经常使用在老人和小孩房；同时，天然、绿色的实木近几年也受到较多的追捧。

除了选材外，环保的概念同样延伸到了加工过程。为了达到国际环保标准，很多企业不惜重金，从国外引进先进设备，以减少生产过程的浪费和避免环境污染。

4. 重视设计研发，服务客户意识增强

与传统的成品家具不同，定制家具主要是以客户为中心，更加注重消费个性和价值的塑造，以精湛的技术、良好的性能、先进的设计理念给消费者营造舒适温馨的家居环境，来满足消费者对生活的不同品味和追求。

因此，定制家具行业重视设计研发环节，以及实现的技术，对外力求实现产品的多样化，以供消费者选择，对内则简单化产品以提高生产效率、缩短收货周期。从整体上，为消费者实现更好的服务，增强自身企业的品牌影响力。

1.4 预测定制家具的未来发展

随着新型城镇化建设、消费市场的不断扩大深化、新的家居理念的不断形成，未来定制家具的发展方向会拥有更多的变化与机遇。从当前的发展情况，可以看出一些未来的发展趋势。

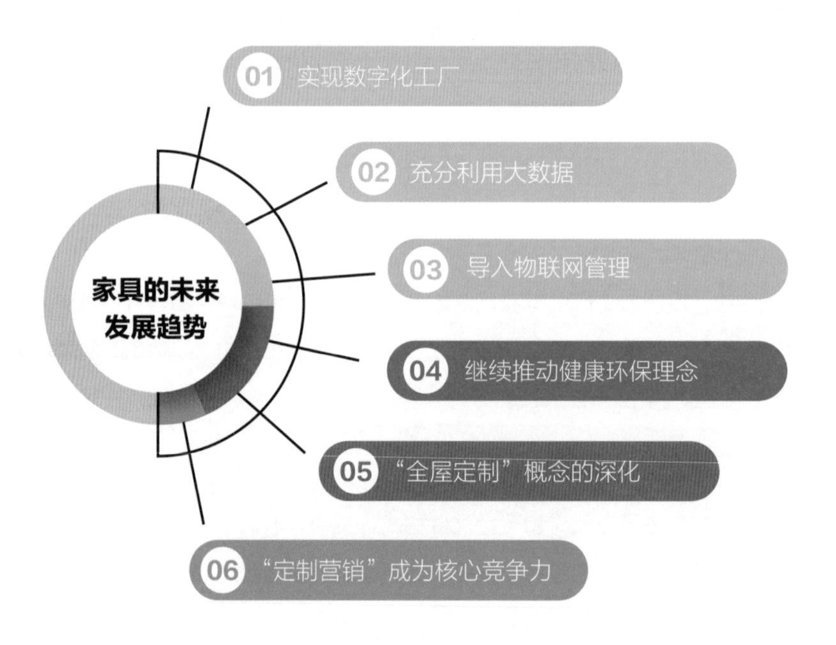

1. 实现数字化工厂

云计算、大数据、人工智能、物联网和移动互联网等新一代信息技术越来越占据主要地位，因此改变原有产品研发及生产方式显得尤为重要，只有更先进的技术才能满足新时代消费者对时尚个性、高性价比、快速便利等的要求。

定制家具的发展顺应了这样的时代潮流，将研发、设计、采购、加工、配送、营销等各环节与互联网紧密地结合在了一起，使得生产方式更加定制化、柔性化、绿色化和网络化。

“工业 4.0”这一概念越来越受到国内外的关注。这是德国政府确定的十大未来项目之一，旨在支持工业领域新一代革命性技术的研发与创新。项目主要分两个主题，一是“智能工厂”，重点研究智能化生产系统及过程，以及网络化分布式生产设施的实线；二是“智能生产”，主要涉及整个企业的生产物流管理、人机互动以及 3D 技术在工业生产过程中的应用等。这一概念完美契合定制家具企业。

可以说，“工业 4.0”就是第四次工业革命。其核心是智能制造，分三个方面，分别是智能工厂、智能生产、智能物流。2015 年年初，中国将其上升到了国家发展战略的高度，直接助推中国传统制造的定制家具行业向智能化、自动化和信息化的转型升级。

在定制家具行业，几个大的定制家具品牌已经完成了“工业 4.0”的改造，这些企业在多年前就开始打造自己的信息化系统，积极响应国家的 863 课题，以超前的思维和实力完成了“工业 4.0”的改造升级，直接推动中国定制家居进入“工业 4.0”时代。“工业 4.0”是一个庞大的系统工程，并非朝夕间便可以完成的。“工业 4.0”所涉及的不只是一条生产线、一个工厂，同时还涉及人、机器设备、商品、物流互联网等概念和领域，乃至延伸到整个社会层面，所以为企业提出了极大的挑战。

在“互联网 +”时代，强劲的“工业 4.0”有理由帮助民族品牌在较短的时间拉近与国际品牌的距离，打造出世界知名的中国定制家具企业。

2. 充分利用大数据

将大数据管理运用到定制家居行业，实现全流程信息化的生产系统，把生产线从前端一直延伸到终端店面，改变了以往生产和销售各自为政的局面，解决了制约企业发展壮大的产能瓶颈这一难题。

同时，通过大数据信息化的手段，降低内部的成本和提高效率，再造企业和消费者的关系。一些定制家具品牌导入大数据管理之后，改变了传统制造业高能耗、高浪费、高成本、低效率的问题，生产经营全程智能化、自动化和信息化，利用大数据进行分析，带来仓储、配送、营销效率的大幅度提升和成本的大幅度下降，从而最大限度地让利给消费者。

3. 导入物联网管理

“互联网 +”时代，有实力的中国定制家具企业纷纷引入物联网，实现人、物、机器的即时连接和高效管理，成功上线 ERP，产品全自动化管理。

随着定制家具市场规模的不断扩大，业务不断发展的过程中，也希望借助物联网手段实现产品的智能管理，将物联网的解决方案引入定制家具的生产全过程，借此实现单品的全过程智能管理。

4. 继续推动健康环保理念

因为市场需求量的庞大，更多的企业考虑的是如何做大做强，如何飞速地发展，作为可持续发展的健康环保并没有引起高度的重视。然而，从长远的角度看，不重视、推动环保理念，企业是难以长久生存的。如一些定制家具品牌，将大部分的精力都投入在了消费者看不见、摸不着的健康环保领域，为此投入了大量的资金、设备和人力、物力，构建出来环保工程体系，现如今，这类定制家具品牌越来越受到消费者喜爱，便说明了环保理念对定制家具企业的重要性。

5. “全屋定制”概念的深化

无论是“全屋定制”“整体定制”，还是定制家具，其实都是大家居的的别称，而这种大家居的理念正在扩大，对于定制家具行业而言，将成为大势所趋。其中的原因，一方面是消费者对于一站式定制消费的需求使然；另一方面，也是定制品牌“单值”做大化的竞争策略使然。

未来，整个定制家具行业依然有着长足的发展空间。根据有关研究机构的统计，中国有 4 亿家庭，每个城市每年有超过 5 万个新居家庭，平均家具消费额度为 5 万元。未来几年，中国的家居消费总额将达到 8 万亿元，传统成品家具会有所下滑，但定制类消费预计将以每年 20% 的速度持续增长。

6. “定制营销”成为核心竞争力

“定制营销”是定制家具行业的新营销模式，其核心理念是私享服务，与传统的个性化营销、一对一营销相比，更强调实时沟通与交流及个性化需求。

在“定制营销”的概念里，营销者可以视作消费者的代理，帮助消费者寻找、选择、设计相应的产品和服务，实现其个性需要。对于企业而言，营销部门更趋向于个性需求研究、客户关系管理、产品配置和配送管理等。

未来定制家具企业会利用电子商务技术和信息技术，为“定制营销”构建专门的电子商务系统平台。此类电子商务系统的建立，更强调人性化设计能力、分析和识别客户需求的能力、实时处理能力以及虚拟演示能力。

随着时间的推移，会带来新的变革和改变。随着人们工作方式、生活环境和思想观念的改变，还会产生更多的创意元素和设计风潮，势必会影响到定制家具行业的发展趋势。

第2章

定制家具必备的前端环节

前端服务流程解读

核心设计研发团队

定制家具设计原则

2.1 流程解读

定制家具的流程有两个方面，一是企业角度，分为产品开发设计和适配设计；一是消费者角度，也就是本章节要仔细分析的内容。而从定制家具的服务环节来看，流程可分为八个步骤。

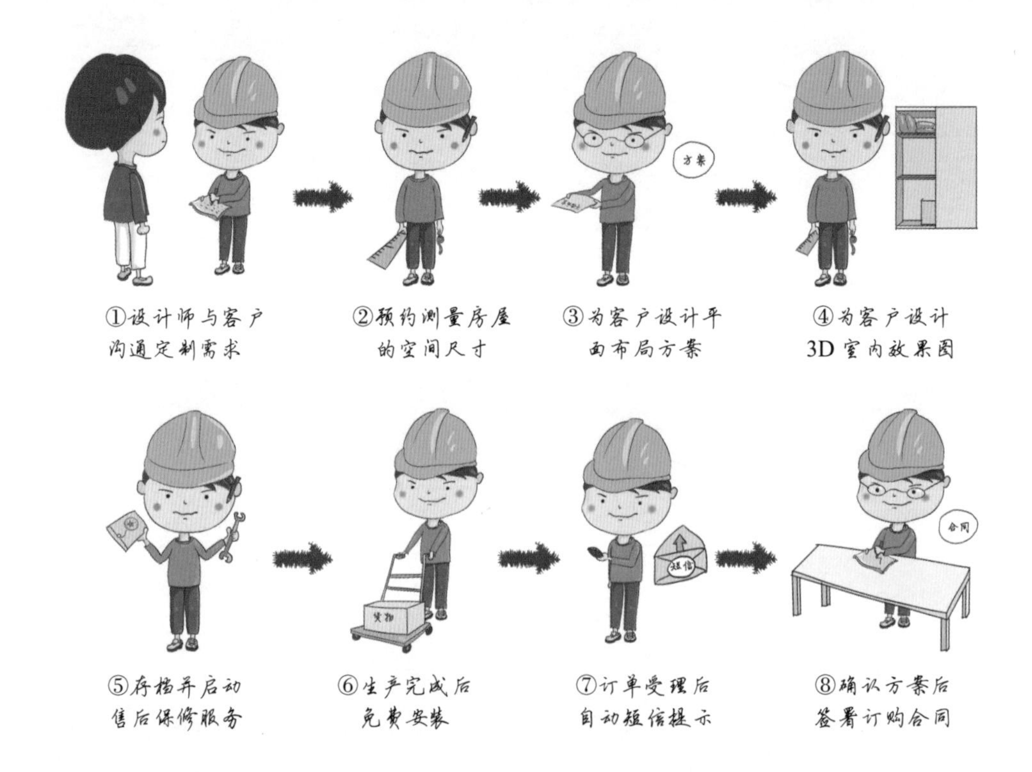

2.1.1 品牌分析

挑选自己满意的品牌是消费者选购定制家具的第一步。不同的定制家具有其不同的产品优势，主要区别在于家具的价格、家具品质、家具设计美感、服务质量等。

一般大型的定制家具品牌，有着成熟的运营管理体系，定制产品齐全，包括柜体、家具以及布艺软装等，而且设计样式丰富，可选择性多；中小型的定制家具品牌，有着贴心、精细的服务，对待消费者不会有妄自尊大的情况存在。

2.1.2 导购环节

随着科技的发展，导购也出现了新的形式，传统的导购服务已经不能满足消费者，VR（虚拟现实技术）体验馆应运而生。

1. 传统导购

导购的存在是为了更好地服务消费者，辅助消费者做出决定，实现购买。其负责的内容主要有家具的形式、功能、品质、材料、构造等，需要具备一定的家具设计与制作的专业知识。

2.VR 导购

消费者只需戴上 VR 眼镜，就可以体验“还原真实”的家居场景，观看定制家具的设计效果。通过真实地感受设计中的家具样式与空间的搭配效果，来判断产品是否与心中所想吻合，或者进行相应的调整，做出决定。

VR 技术还能调换到儿童视角，让消费者站在儿童的角度为自己的子女挑选更安全、环保、合适的家具。

戴上 VR 眼睛后，所呈现的视觉效果

2.1.3 上门测量尺寸

当消费者与家具设计人员确定了家具产品的设计样式与数量之后，双方约定时间上门测量尺寸。设计人员在测量尺寸的过程中，需确定家具所摆放空间内，每一个方面的尺寸，包括家具墙面的长、宽、高，柱面的尺寸和位置，门、窗的尺寸和位置，家具摆放的位置和尺寸等。同时，在现场与客户再次沟通确定，方便展开后期的设计工作。

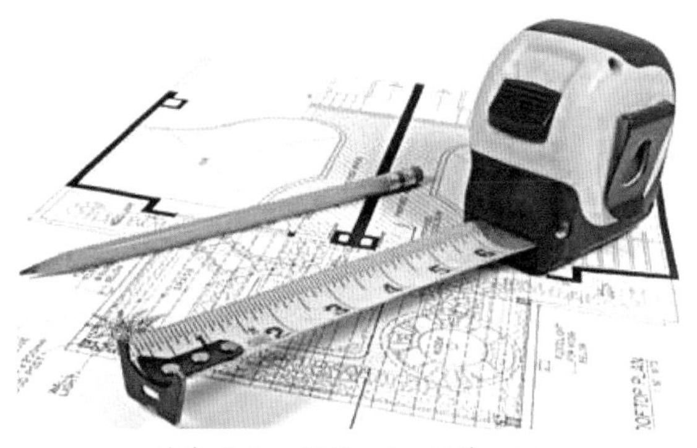

准备米尺、铅笔、A4 纸等工具

设计人员测量尺寸

2.1.4 方案设计

空间尺寸确定后，设计师会根据测量的图纸设计具体的家具布置方案。设计师应考虑到客户家庭成员人数（包括各自的文化背景、个人喜好等）、家庭的生活状态、生活习惯以及生活方式等基本情况。

方案设计好后，设计师预约客户，商讨见面时间，彼此沟通方案。客户提出新的要求或不同的意见，设计师应及时、耐心解决，经双方多次探讨之后，确定最终的设计方案。

设计师与客户现场讨论

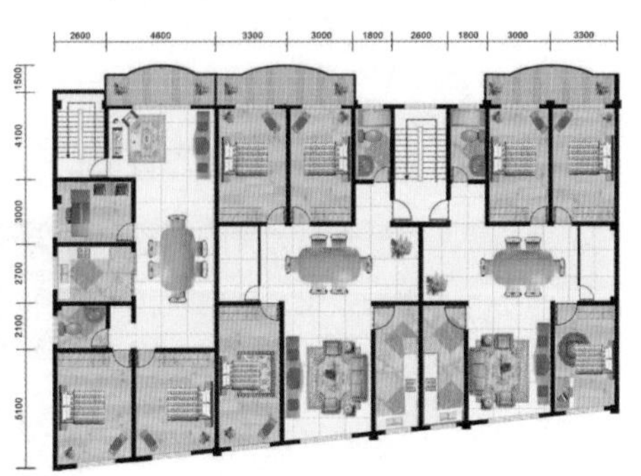

家具设计平面图

家具设计效果图

2.1.5 下单生产

客户与设计师敲定家具设计方案后，彼此签订设计合同，客户需预付部分定金，以确定下单生产。设计师根据设计方案，用设计软件形成各种生产所需图纸，并发送工厂进行订单的生产安排。

生产周期根据家具的样式、大小、数量的不同，时间保持在 10~30 天。

2.1.6 送货安装

工厂接收到订单信息后，会根据下单图将家具拆分为若干零部件图，并将其进行编号、生产，然后打包准备运输。

联系客户，确定送货与安装时间，同时安排运输车辆、人员与安装工人。家具的安装由专业安装人员进行拆包、安装和调试。家具安装完成后，请客户确认，并付清所有费用。

现场拆包、零件组装

主体柜板安装

安装五金、细节调试

成品效果

2.1.7 售后服务

售后服务是消费者的保障。客户在使用的过程中，如果发生质量问题，可电话联系公司客服，进行问题反馈。如果家具在保修期内出现问题，公司会安排专业的维修人员，上门进行保修服务，解决问题。

如果是在保修期之外，公司可按照合同中的保修项目，提供义务咨询服务或适当地进行收费维修服务。

2.2 设计研发团队

定制家具行业，消费者的个性化需求较高，每一位定制家具的消费者均要按照自己的需要，定制自己的想要的家具风格、款式、规格等，以满足自己对装修的整体要求。作为服务于消费者的定制家具公司，需要具备雄厚的设计研发团队，来解决上述问题。

2.2.1 积累设计知识与思维

定制家具公司解决大规模生产和个性化定制上有一定的矛盾，需要满足一定的设计原则，才能解决前期的研发设计和后期针对个体用户的个性化设计。设计原则如下。

1. 以满足需求为核心

定制家具的存在，是为了最大程度地满足消费者的个性化物质需求。在产品不断更新换代的时代，人们更注重家具的功能能否满足自己在生活中的新需求，因此家具的功能性是设计的先导原则。

在前期的设计研发中，设计师应以用户的实际需求以及潜在需求为主。设计师应从消费者的角度出发，通过市场调研的数据，分析消费者的需求信息，并以此作为新产品开发的依据。

2. 培养辩证构思思维

在家具的设计过程中，应考虑家具的造型、功能以及生产工艺之间是否产生冲突。增加功能会使工艺流程复杂化，也会增加构件，影响造型的美感；而过于简单的设计则缺乏设计美感，功能少则实用性差。

定制家具的美观性是消费者考虑的要点，而实用性与功能的齐全则是消费者决定购买商品的重要因素。因此，在研发设计时，设计师应利用辩证构思思维，做到造型优美、结构合理、家具功能化。

3. 保持创新能力

人们对于高端家具的需求日益增强，定制家具行业市场火爆，各种品牌之间的竞争日益激烈。定制家具要得到消费者的青睐，就需具有其独特的创造性，才能在众多定制家具产品中脱颖而出。

在研发设计的过程中，通过创造性思维和新技术的应用，不断挖掘家具的新功能，构思家具的新形式，开发新材料、新结构，定制家具公司才能使设计产品具备足够的竞争力，在不断变化创新的家具行业中生存下来。

4. 随时掌握流行趋势

身为家具研发设计师，需时刻关注家具设计的流行动态，以及各类家居产品的变化，掌握流行趋势，设计出具有时代特征的产品，紧跟时代潮流甚至引领定制家具的发展方向，才能使新推出的产品适销对路，满足市场需求。

5. 将产品设计标准化与模式化

标准化设计是指根据国家标准，将产品的材料、尺寸、结构、产品绘图、技术文件进行标准化，使产品的标准化版块增多，简化生产工艺，缩短生产周期，丰富组合产品。

模块化设计是将产品单元模式化，使用标准化的连接件，将已建立的通用模块和专用模块连接成新的产品。模块化家具通过不同的组合方式，可以得到样式精美、种类丰富的家具形式，达到迅速实现定制家具多样化的目的。

将产品设计标准化与模块化，利于定制家具的大规模生产，以达到市场对定制家具更新快、多样化、个性化的需求。

2.2.2　了解基本的办公软件

国内定制家具市场上常用的设计软件有园方、华广、金田豪迈、2020 软件、topsoil 软件以及 3D 云设计系统等。这些软件的模块功能基本相似，大致可以分为几大部分：家具设计模块、环境设计模块及图纸输出模块等。

1. 常用办公软件介绍

Cabinet Vision 软件

美国软件，在国外享有较高的人气。几乎所有的知名品牌的成套设备都会配备 CV 软件。其主要优势表现在，设计过程多角度可视化、素材库丰富、多视图即时生成，以及自动精准拆单、自动优化排版开料，可与机器进行无缝对接，实现自动化生产。

IMOS 软件

IMOS 软件是德国 IMOS 在 AUTOCAD 的基础上开发出来专门用于家具设计的软件，可以实现虚拟现实，擅长 CAM 输出。各模块独立销售，能满足用户不同加工需求。不过，IMOS 软件价格昂贵，国内厂家一般都用于后台生产制造。

园方软件

园方软件是一套在线互动三维立体家庭装修设计软件，由园方软件公司和新居网自主研发，具有自主知识产权。园方专注于自有软件的独立研发和销售，目前拥有虚拟现实、3D 渲染引擎等一大批核心技术，主要运用于装饰、橱柜、衣柜、卫浴、瓷砖等行业，提供设计、生产、管理、销售软件一体化的解决方案，目前在国内定制家具行业内应用较广。

商川木作软件

完全由中国人自主研发而成，是一款适合中国国情的定制家具设计软件，号称万能柜定制。在具体使用中，可以柜体外框架为基准，添加柜内单元和功能件，自动定义框架和功能件位置、尺寸。柜内单元可以根据客户需求更改模块。采用标准部件理论，只需确定标准部件的变化规则，就可以任意定制。做非标准柜时，有相应的单独板件。

软件自带错误分析系统、开料优化系统、加工中心自动排孔系统，可以生成 CAD 平面图及 3D 图。

2. 家具软件设计流程

以 2020 设计软件为例。

新建设计　添加一个新的项目，并创建一个设计文件。

生成空间　为新建的设计生成基本的室内空间环境，并添加门、窗、梁等室内空间设计。

导入家具　送家具素材库中导入相关的家具基本体，形成基本的是室内架构，并根据客户的需求调整、修改。

添加板件　添加客户定制需要的配件，如门板、隔板等家具部件，形成完整的家具设计。

形成报价　设计完成之后，利用软件输出最终的效果图以及生产所需的各项图纸，并生成家具定制报价。

2.2.3　培养洽谈客户能力

洽谈客户是定制家具营销过程中重要的环节，通过与客户的沟通交流，准确掌握客户需求。其中，了解客户对定制家具的细节要求是关键，作为设计师或导购，便需具备如下能力。

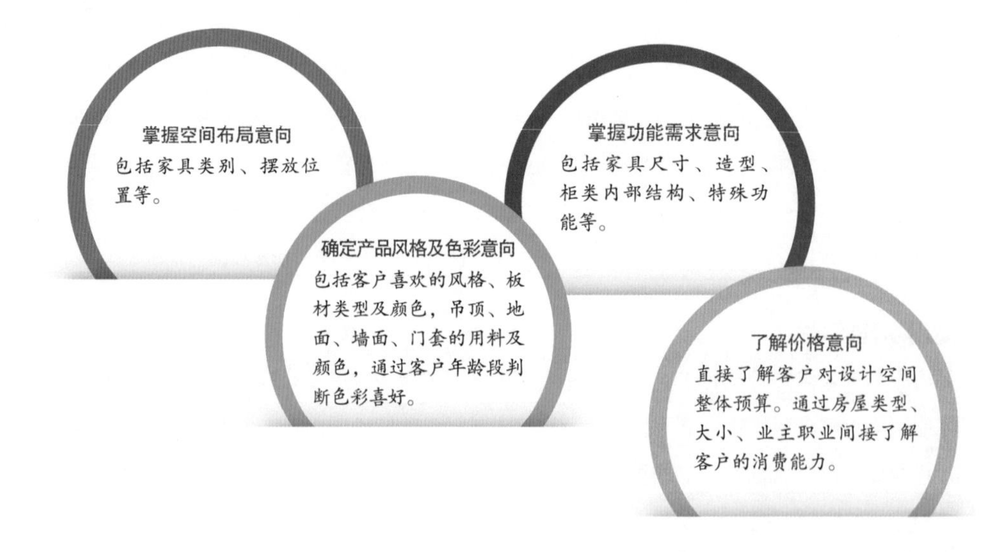

2.3　定制家具设计原则

定制家具的设计不是独立存在的，需依托具体的房屋空间、布局以及空间色彩等，由于其定制化的特点，决定了其设计有一定的依附性。而了解并掌握房屋的常见空间、布局形式以及色彩构成，可更好地设计定制家具，使其满足消费者的个性化需求。

2.3.1　定制家具的产品种类

随着定制家具行业的蓬勃发展，定制家具的内容已不局限在柜体等家具制作一块，而是扩展到沙发、餐桌、床以及装饰墙面等方面，更是有些大厂家将产品涉猎了窗帘、布艺装饰等方面。

1. 常见的定制柜体种类

定制橱柜

定制橱柜最大的优势就是能充分合理地利用有效的空间，设计更人性化。它可以根据订户的需求任意设计，或者抽屉多，或者多隔板，而且还可以事先加进任何尺寸的拉篮，这些优点使它的整体性、随意性更高。

敞开式橱柜

定制衣柜

定制衣柜有可量身定做，而且具有环保、时尚、专业等特点。所选用的材料均是环保E0级三聚氰胺板，经过工厂开料、封边、排孔、组装而成，拒绝采用含甲醇较高的胶水和油漆，其纹路清晰、防潮、抗变形、耐磨强、环保性高。

圆弧形衣柜

定制书柜

定制书柜采用现场量尺定做的特点，最大的优势就是能充分合理地利用有效的空间，设计更人性化。它可以根据订户的需求任意设计，或者抽屉多，或者多隔板。根据个人要求设计书柜，消费者就是书柜的设计者之一。这些优点使它的整体性、随意性更高。

块状拼接书柜

定制鞋柜

鞋柜从早期用来陈列鞋的家具演变成多功能的定制家具，如玄关鞋柜、入门鞋柜、客厅鞋柜。除了保留了收纳的功能，定制鞋柜还增添了各式各样的装饰功能来满足人们的个性化需求。鞋柜多种多样的样式，给消费者的生活带来了极大的便利。

玄关式鞋柜

2. 常见的定制家具种类

定制沙发

常见的定制沙发材质有皮制沙发、布艺沙发、曲木沙发以及藤木沙发等，其中布艺沙发以及皮制沙发的种类较多，设计样式较丰富。定制沙发可根据具体的空间大小来设计，并能设计成任意风格。

定制餐桌椅

定制餐桌椅多为实木类或板材类，金属类以及玻璃类较少。定制餐桌椅多设计在空间面积、形状受局限的餐厅内。定制餐桌最大的特点是，餐桌椅不仅可以设计为固定式的，也可以设计为折叠式的。

定制床

常规单人床的标准尺寸为 1.2 米 ×2.0 米或 0.9 米 ×2.0 米，双人床的标准尺寸为 1.5 米 ×2.0 米，大床的标准尺寸为 1.8 米 ×2.0 米。而定制床可根据卧室面积大小，对床的尺寸进行合理的修改，如缩减床的宽度，或设计内嵌式的定制床等。

仿贵妃椅沙发

特殊尺寸餐桌

折叠式悬空床

定制无边框榻榻米

定制榻榻米

定制榻榻米采用高温熏蒸杀菌工艺处理，压制成半成品后经手工补缝、蒙铺表面的天然草席，再包上两侧装饰边带制成成品。榻榻米的构造分三层，底层是防虫纸，中间是稻草垫，最上面一层铺蔺草席，两侧进行封布包边，包边上一般都有传统的日式花纹。一张品质优良的榻榻米大约重 30 千克，标准厚度有 3.3 厘米和 5.5 厘米两种。

定制书桌

相比较成品书桌，定制书桌的性价比高，可设计为固定式的，使其紧贴墙面，或与飘窗结合，或内嵌在空间内。定制书桌的桌面有多种尺寸，可根据消费者的具体需求定制。

挂墙式书桌

2.3.2 定制家具与空间布局

整体空间布局设计应从科学角度考虑，尽量做到合理性、方便性。了解了各处空间布局的主要特点，便可使定制家具更好地融入其中。

1. 客厅

功能区应主次分明，突出重点；起居室的动线要尽量通畅，避免斜穿；要保证起居室空间的相对隐蔽性；家具摆设要“坐实望虚”；客厅布置以宽敞为原则，最重要的是体现舒适的感觉。

独立式客厅

讲究对称布局原则，所有家具、沙发、墙面造型的设计都彼此对称，相互呼应。例如沙发很少选用 L 形款式，墙面柜体的设计左右一致等。

敞开式客厅

讲究空间呼应和主次分明的布局手法。客厅的所选用的材料、设计风格以及家具、柜体等，均保持一致，有良好的延续性。同时，客厅的为主布局空间，与之相连通的则为辅布局空间。

独立式客厅布局

敞开式客厅布局

2. 餐厅

大门不宜对餐桌；餐厅与厨房不宜共享一室；餐桌离墙距离不应少于 0.8 米。

独立式餐厅

讲究以餐桌为主体的布局原则，其他辅助性的如酒柜、餐边柜、墙面造型或灯具布置等，均为餐桌为中心，进行合理的布局。

独立式餐厅布局

客餐一体式餐厅

讲究延续性布局原则。即餐厅的布局需参考客厅的布局，并以客厅布局为基点，进行合理的餐厅布局。同时，餐厅需预留出充足的过道空间，防止布局过于拥挤、狭窄。

餐厨一体式餐厅

讲究融合性布局原则。餐厅布局首先要考虑厨房的总体面积，并与之相协调，并保持一定的距离，提供给厨房作操作空间。在设计方面，餐厅的餐桌、柜体类产品应与厨房橱柜保持同种材质、样式，使两者融合为一个整体的空间。

客餐一体式餐厅布局

餐厨一体式餐厅布局

3. 卧室

开门不能见床头；床头不宜正对卧室门；床头靠墙，不应放在窗下；床头不宜背靠厕所，床头左右及床尾不可正冲厕所门；床尾不要摆镜子；床上方不能有梁。

主卧室

主卧室的布局强调宽敞、多功能以及舒适性，即整体的空间布局要融合主卫、衣帽间或小书房等功能区在内。同时，主卧室的睡眠区应保持宽敞，有良好的通风以及采光。

老人房

老人房的布局注重简单实用，减少棱角和迂回的弯路。因此，床、床头柜的摆放应靠近卧室的内侧，柜体、家具的造型应简单，使用方便，边角需多采用圆润的处理。

儿童房

儿童房的布局讲究趣味性，注重对纵向空间的利用。在儿童房内，床的搭配经常采用高低床，衣柜等柜体的设计通常充满趣味性。

主卧室布局

老人房布局

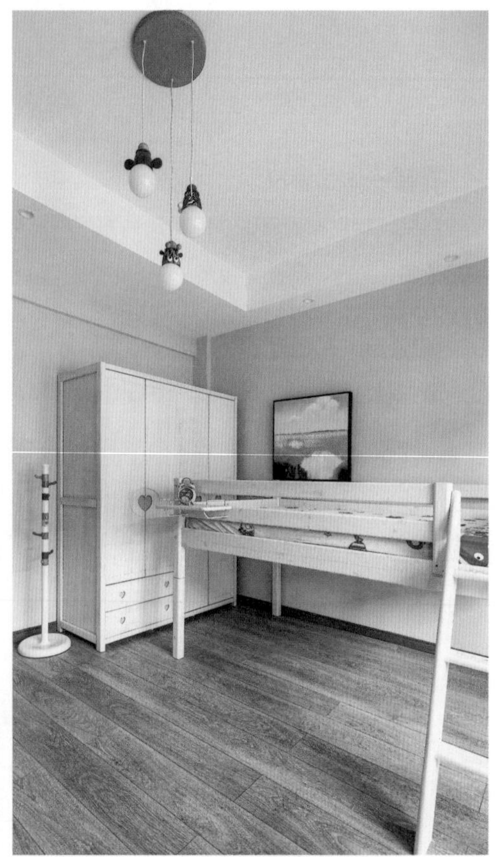

儿童房布局

4. 书房

开门不宜对书桌；书桌不宜遮挡飘窗；书桌不宜在门边；书桌不宜背靠门；书桌不宜在横梁下。

独立式书房

独立式书房注重布局的功能性，即书房内不仅摆放一张书桌和书柜，同时还需具备休息区、休闲区等。为提升独立式书房的功能性，书柜通常是整面墙的布置，书桌也会采用大尺寸产品。

书房常规布局

结合式书房

结合式书房又称为敞开式书房，书房往往不是一个独立的空间，通常和客厅、卧室等空间结合在一起，属于附属式空间。在布局设计中，注重书房的小巧玲珑与相对独立性，即书房的占地面积虽然有限，但依然会划分出附属书房的半独立空间。

结合式书房布局

5. 玄关

天花板宜高不宜低；墙壁间隔之间应下实上虚；地板要平整有光泽；玄关处放植物宜以常绿植物为主；如果在玄关处安放镜子，不能对着大门；鞋柜的摆放有讲究，以五层高为佳，少于五层，对视觉效果影响不大。

书房常规布局

2.3.3 定制家具与色彩设计

丰富多样的颜色可以分成两个大类，即有彩色系和无彩色系。有彩色是具备光谱上的某种或某些色相，统称为彩调；与此相反，无彩色就是没有彩调。定制家具的色彩则要与空间色彩相协调，处在同一种色系之中，突出空间的整体感，而不是定制家具的个体感。

1. 室内色彩设计比例

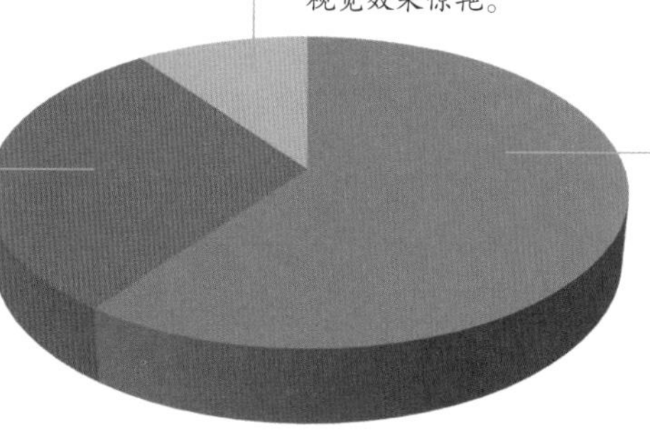

2. 室内色彩种类

暖色系

给人温暖感觉的颜色，称为暖色系。紫红、红、红橙、橙、黄橙、黄、黄绿等都是暖色，暖色给人温和、柔软的感受。

米黄色主色调 / 定制书桌为米黄色

冷色系

给人清凉感觉的颜色，称为冷色系。蓝绿、蓝、蓝紫、青色、清灰色等都是冷色系，冷色给人坚实、强硬的感受。

青灰色主色调 / 定制靠墙座椅为深棕色

中性色

紫色和绿色没有明确的冷暖偏向，称为中性色，是冷色和暖色之间的过渡色。

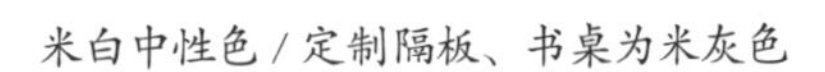

米白中性色 / 定制隔板、书桌为米灰色

无彩色系

黑色、白色、灰色、银色、金色没有彩度的变化，称为无彩色系。

黑白对比色 / 定制柜体为白色

第3章

定制家具的各类材料介绍

柜体基材及封边、装饰材料

全面、系统的五金配件介绍

装饰性辅材的类型

3.1 柜体材料

定制家具是由多个板面与功能结构划分组成，一般采用可拆装式结构。板材是柜子的主体部分，其质量好坏决定柜子的使用寿命。因此板材的选取十分重要，需根据材料的特点和使用场所进行合理搭配。

3.1.1 基材类型

定制家具的常用基材主要有刨花板、纤维板、细木工板、实木多层板、实木指接板和实木板。各有其特性，这里介绍的基材是指外观没有经过饰面的裸板。

1. 刨花板

刨花板又称颗粒板、微粒板、蔗渣板、碎料板，是将枝芽、小径木、木料加工剩余物、木屑等制成的碎料，施加胶黏剂经高温热压而成的一种人造板。

优点：横向承重力比较好，表面很平整，可以进行各种样式贴面。具有结构牢度高、物理性能稳定、隔音效果好，抗弯性能、防潮性能等优点。

缺点：其内部为颗粒状结构，所以不易铣型；另外，由于刨花板面积较大，用它制作的家具，相对于其他板材来说比较重。

成品刨花板

刨花板的分类

刨花板按照结构可分为单层结构刨花板、三层结构刨花板、渐变结构刨花板和定向刨花板，按制造方法可分为平压刨花板、挤压刨花板。

刨花板的厚度规格较多，以19毫米为标准厚度。

单层结构

五层结构

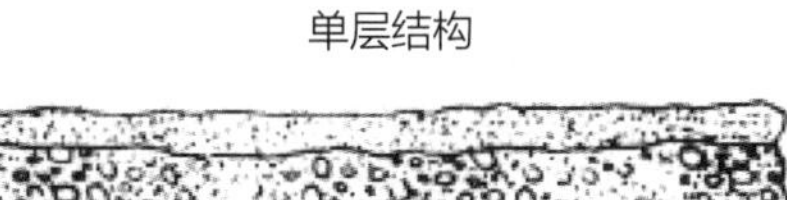
三层结构

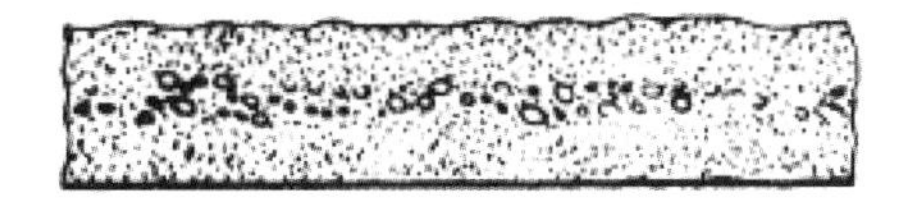
渐变结构

刨花板的结构

2. 纤维板

纤维板又称密度板，有密度大小之分，分为低密度纤维板、中密度纤维板和高密度纤维板。是由木质纤维或其他植物纤维为原料，加工成粉末状纤维后，施加胶黏剂或其他添加剂热压成型的人造板。

1.22m×2.44m 的密度板

优点：纤维板具有材质均匀、纵横强度差小、不易开裂、表面光滑、平整度高、易造型等特点。当表面需要造型、铣型或表面贴面时，可以很好地保证覆膜后表面平整。

缺点：中密度纤维板防潮性较差，强度不高，做家具的高度不能太高，一般为2.1米以内，并且不太适合用在潮气较大的环境。因其结构特性，用胶量较大，在一定程度上环保系数较低。

纤维板的分类

按纤维板的体积密度不同可分为高密度纤维板、中密度纤维板、低密度纤维板三种。

高密度纤维板

强度高，耐磨、不易变形，可用于墙壁、门板、地面、家具等。其按照物理力学性能和外观质量分为特级、一级、二级、三级四个等级。

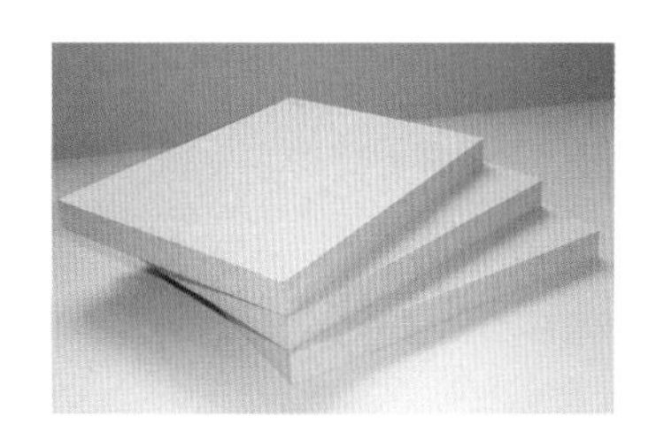

中密度纤维板

按产品的技术指标可分为优等品、一等品、合格品。按所用胶合剂分脲醛树脂种类，中密度纤维板、酚醛树脂中密度纤维板、异氰酸酯中密度纤维板。

低密度纤维板

结构松散，强度较低，但吸声性和保温性好，主要用于吊顶等。

3. 禾香板

禾香板是以农作物秸秆碎料为主要原料，施加 MDI 胶及功能性添加剂，经高温高压制作而成的一种人造板。

优点： 是目前市场中唯一的零甲醛板材。具有尺寸稳定性好、强度高、环保、阻燃和耐候性好等特点。

缺点： 售价偏高，与刨花板相比，每平方米要高出 100 元左右。

禾香板样板

4. 多层实木板

多层实木板是胶合板的一种，由三层或多层的单板或薄板的木板胶贴热压制而成。夹板一般分为 3 厘板（3 毫米）、5 厘板（5 毫米）、9 厘板（9 毫米）、12 厘板（12 毫米）、15 厘板（15 毫米）和 18 厘板（18 毫米）六种规格。

18 毫米多层实木板样板

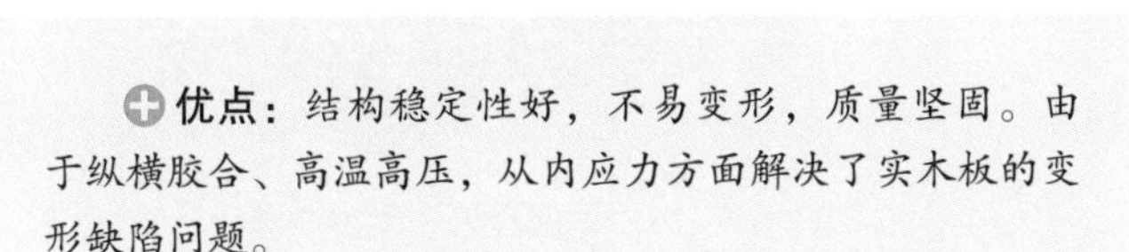

优点： 结构稳定性好，不易变形，质量坚固。由于纵横胶合、高温高压，从内应力方面解决了实木板的变形缺陷问题。

缺点： 多层实木板质量的好坏，很大程度上取决于胶合的黏结程度。因此，质量有时不受控制。

5. 细木工板

俗称大芯板、木芯板，是具有实木板芯的胶合板，由两片单板中间胶压拼接木板而成。材种有许多种，如杨木、桦木、松木、泡桐等，其中以杨木、桦木为最好，质地密实，木质不软不硬，握钉力强，不易变形；而泡桐的质地很轻、较软、吸收水分大，握钉力差，不易烘干，制成的板材在使用过程中，当水分蒸发后，板材易干裂变形；松木质地坚硬，不易压制，拼接结构不好，握钉力差，变形系数大。

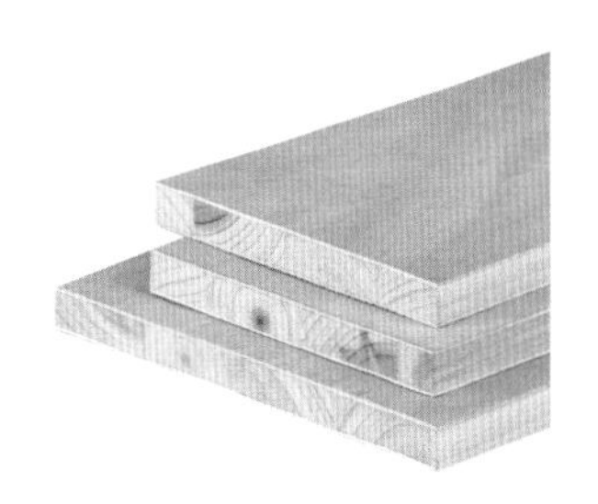

细木工板样板

优点： 细木工板尺寸稳定，不易变形，有效地克服木材各向异性，具有较高的横向强度，由于严格遵守对称组坯原则，有效地避免了板材的翘曲变形。

缺点： 环保性相比较其他几类板材略差一点儿，而且细木工板的抗弯性能较低。

细木工板的分类

1. 按板芯结构分为实心细木工板和空心细木工板两种。其中，实心细木工板是以实体板芯制成的细木工板；而空心细木工板是以方格板芯制成的细木工板。

2. 按板芯接拼状况分为胶拼板芯细木工板和不胶拼板芯细木工板两种。其中，胶拼板芯细木工板是用胶黏剂将芯条胶黏组合成板芯制成的细木工板；不胶拼板芯细木工板是不用胶黏剂将芯条组合成板芯制成的细木工板。

实心细木工板

胶拼板芯细木工板

6. 指接板

指接板属于实木板，由多块木板拼接而成，上下不再粘压夹板，由于竖向木板间采用锯齿状接口，类似两手手指交叉对接，故称指接板。

⊕ **优点：**指接板上下无须粘贴夹板，用胶量少，且无毒无味。
⊖ **缺点：**指接板虽然采用了实木短料，但其并不是传统意义上的实木家具。

7. 实木板

实木板就是采用完整的木材（原木）制成的木板材。通常，定制家具局部会采用实木，其组装的方式，是以榫槽和拼板胶相结合。

⊕ **优点：**木材坚固耐用、纹路自然，大都具有天然木材特有的芳香，具有较好的吸湿性和透气性，有益于人体健康，不造成环境污染，多用来制作高档家具。
⊖ **缺点：**实木板类板材造价高，而且施工工艺要求高，在装修中使用相对较少。

成品指接板

成品实木板

3.1.2 表面装饰材料

饰面或贴面，一般是指在密度板、细木工板、刨花板等基材上粘贴一层具有装饰性的饰面材料。其中，实木板、指接板的表面装饰材料多为油漆。

1. 三聚氰胺饰面

三聚氰胺是一种高强度、高硬度的树脂，制作方法是将装饰纸表面印刷花纹后，放入三聚氰树脂，制作成三聚氰胺饰面板，再经高温热压在板材基材上。

优点：贴面环保，不含甲醛，具有耐磨、耐腐蚀、耐热、耐刮、防潮等优点。
缺点：封边易崩边，胶水痕迹明显。

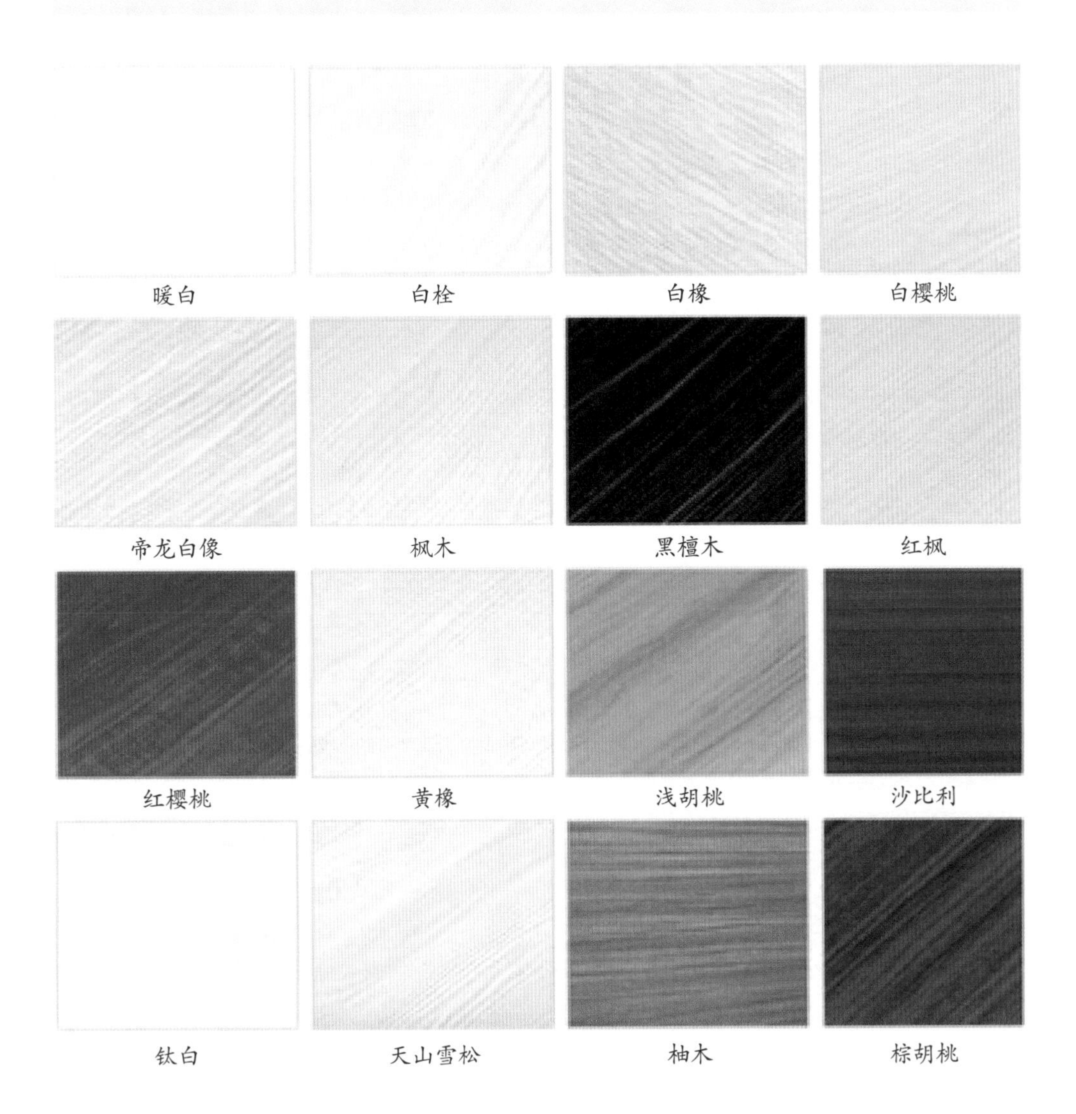

三聚氰胺饰面的组成成分

一般由表层纸、装饰纸、覆盖纸和底层纸等组合而成。

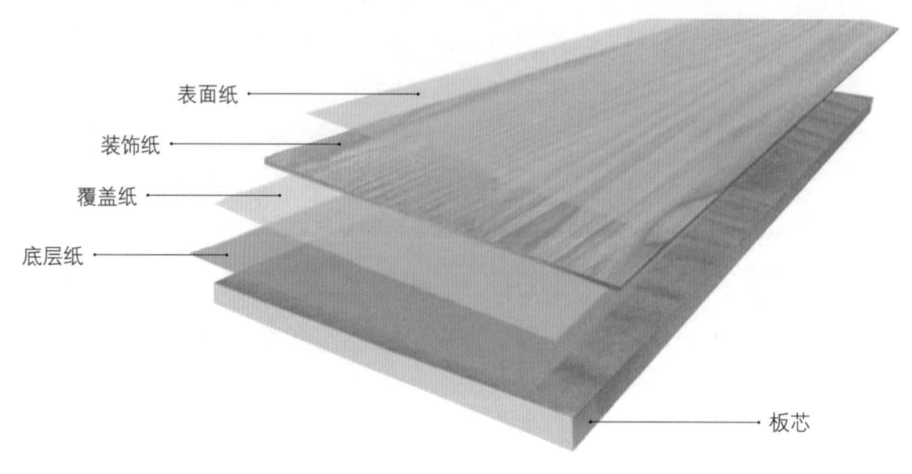

三聚氰胺饰面细节图

01

表层纸

放在装饰板最上层，起到保护装饰纸的作用，使加热加压后的板表面高度透明，板表面坚硬耐磨，这种纸要求吸水性能好，洁白干净，浸胶后透明。

02

装饰纸

即木纹纸，是装饰板的重要组成部分，有底色和无底色的区分，经印刷成各种图案的装饰纸，放在表层纸的下面，主要起装饰作用。这层要求纸张具有良好的遮盖力、浸渍性和印刷性能。

03

覆盖纸

也叫钛白纸，一般在制造浅色装饰板时，放在装饰纸下面，以防止底层酚醛树脂透到表面，其主要作用是遮盖基材表面的色泽斑点。因此，要求有良好的覆盖力。以上三种纸张分别浸以三聚氰胺树脂。

04

底层纸

是装饰板的基层材料，对板起力学性能作用，是浸以酚醛树脂胶经干燥而成，生产时可根据用途或装饰板厚度确定若干层。

2. 实木皮饰面

实木皮饰面是将树沿纵向用大型的机器刨成像厚纸（一般在1毫米内）一样的薄皮，再进行加工处理而成。其可单独粘贴在刨花板等基材的表面上。

实木皮饰面

优点：手感真实、自然，档次较高，是目前国内外高档家具采用的主要饰面方式。

缺点：材料以及制作成本较高。

实木皮饰面的常见样式

常见木皮的色彩从浅到深，有樱桃木、枫木、白榉木、红榉木、水曲柳、白橡木、红橡木、柚木、花梨木、胡桃木、白影木、红影木、红木紫檀木、黑檀木等几种。

樱桃木饰面

枫木饰面

红榉木饰面

水曲柳饰面

白橡木饰面

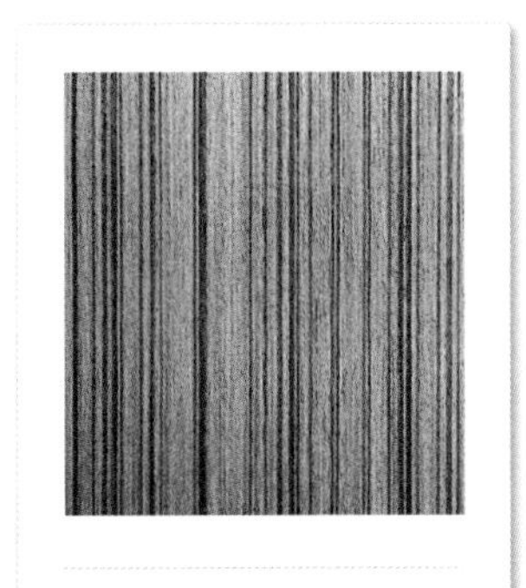
柚木饰面

花梨木饰面

胡桃木饰面

红影木饰面

红木饰面

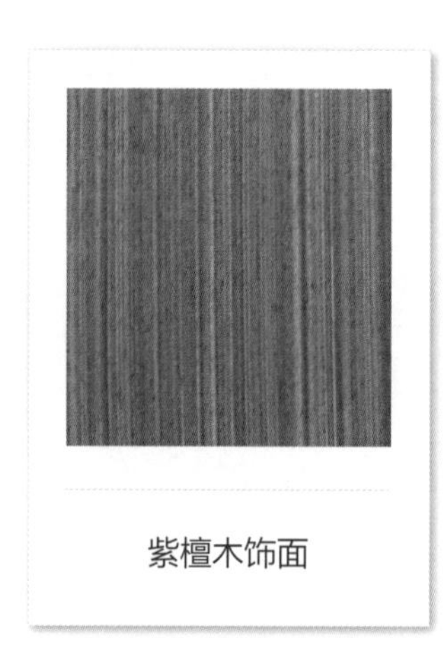

紫檀木饰面

黑檀木饰面

3. 面料

定制家具用面料有布料、皮料两种，设计在衣柜、沙发等定制产品的表面。布料具有价格便宜、花色多样、舒适透气等特点；皮料具有奢华、易清洁等特点。

工艺皮革

可根据家具的材质和尺寸进行定制，其颜色和纹理可以与现有材质如木纹等随意搭配。

PU 皮

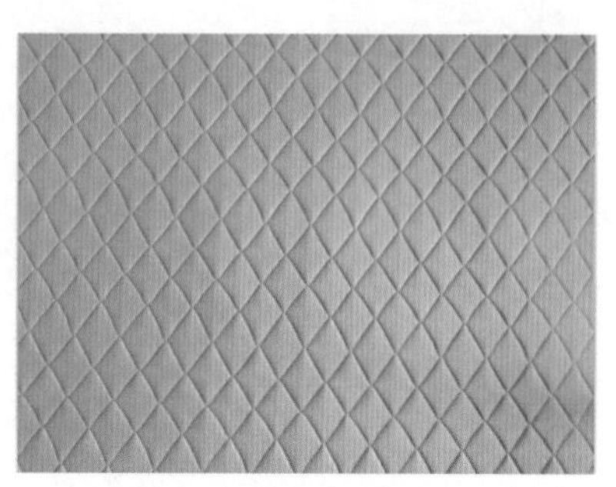

菱形软包

工艺布料

布料手感柔软温暖，与定制家具搭配，既能起到装饰效果，同时也会给家具增添“柔和度”。同时，布料打理起来比较困难，需要专门的清洗方法。

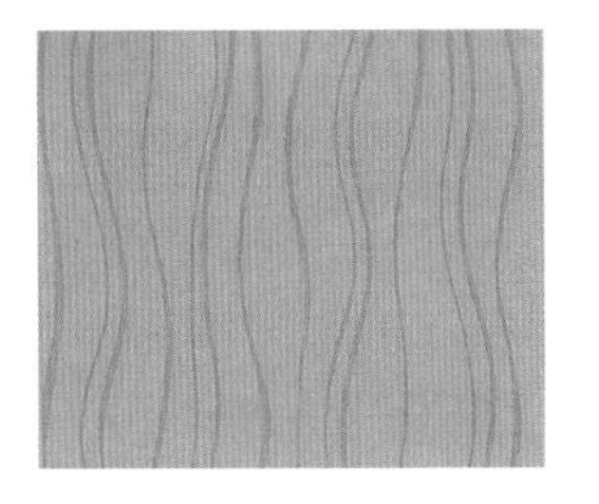

条纹布料

花纹布料

麻布

3.1.3 封边材料

封边材料，即俗语说的封边条。其主要功能是对板材的断面进行固封，以避免环境和使用过程中对板材造成破坏，阻止板材内部的甲醛挥发，同时达到装饰美观的效果。

1.PVC 封边条

在国内使用的范围最广，多用在板式家具的封边处理。目前，印刷层次感丰富的封边条主要是三色印刷，其次是二色印刷和单色印刷。

优点：性价比高，应用范围较广。

缺点：质量不稳定，修边后，色差十分明显，还容易老化和断裂。

PVC 封边条

2.ABS 封边条

ABS 树脂是目前国际上最先进的材质之一。ABS 树脂制成的封边条不掺杂碳酸钙，质量稳固，不会褪色。

优点：修边后显得透亮光滑，绝不会出现白边的现象。

缺点：制作成本较高，其价格与同等规格 PVC 封边条相比，高出 1 倍左右。

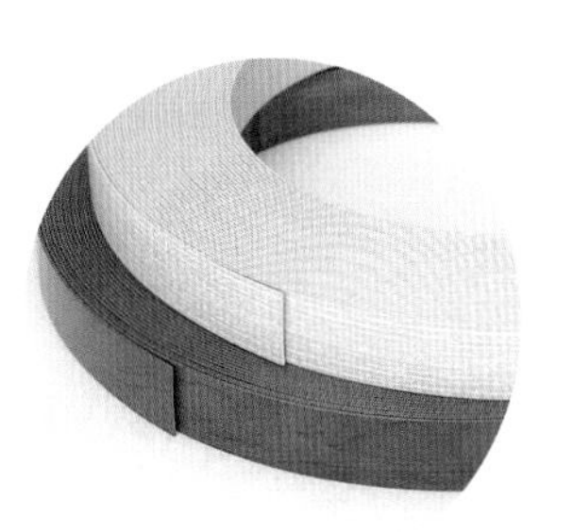
ABS 封边条

3. 实木皮封边条

主要用于贴木皮的家具上。这类封边条会在背面粘贴无纺布以增加木皮强度，防止木皮开裂。其一卷的长度大约有 200 米，所以可在封边机上连续使用，解决了单根木皮封边的所有缺点。

实木封边条

优点：具有封边效果好，方便快捷，利用率高等特点，适用于实木复合家具及实木复合门部件的机械封边。

缺点：原材料成本较高，制作工艺成本较高。

4. 铝合金封边条

铝合金封边条采用铝合金为材质，通过工艺加工制作而成，是目前市场中比较受欢迎的一种收边材料。

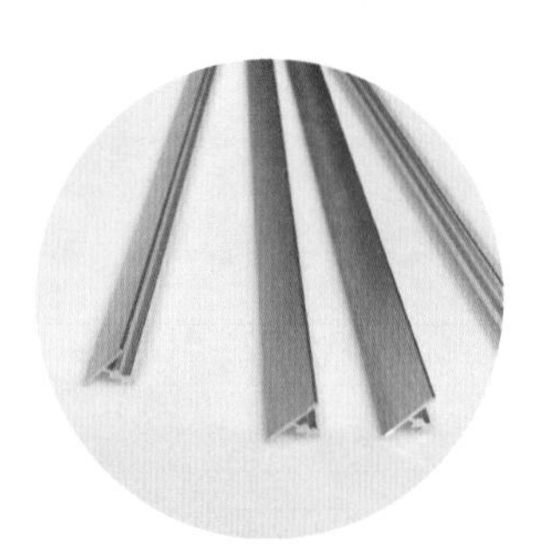
T 字扣封边条

优点：质量坚固，不易变形，固封效果出色。

缺点：与板材的木纹饰面搭配效果较差，缺乏设计美感。

3.2 五金配件

板式家具五金件的种类十分繁多，据不完全统计，品种多达上万余种。五金配件是定制家具的核心材料，因为其可以利用各种五金件将板式部件有序的连接成一体。具有结构牢固、拆装自由、包装运输方便等特点。

3.2.1 连接件

定制家具的连接件种类比较多，其中紧固型连接件的比例最大。紧固连接件的品种较多，具体可分为如下几种。

1. 偏心连接件

偏心连接件按照安装方式可分为一字型偏心连接件、直角型偏心连接件、异型偏心连接件，分别应用于不同的版型之间。

一字型偏心连接件

由圆柱塞母、螺杆、塞孔螺母组成。吊杆的一端是螺纹，可连入塞孔螺母中，另一端通过板件的端部通孔，接在开有凸轮的曲线槽内，实现两个部件之间的连接。

直角型偏心连接件

有两个部件，偏心体和螺杆。安装方式是偏心体平行预埋进横板中，螺杆一端旋进竖板中，把螺杆另一端垂直嵌入偏心体的曲线中完成连接。

异型偏心连接件

异型偏心连接件是针对板件的结合方式不是T字型或者十字型使用的。其构件包括螺母、螺杆、偏心体。其安装方式与一字型偏心连接件类似。

一字型偏心连接件

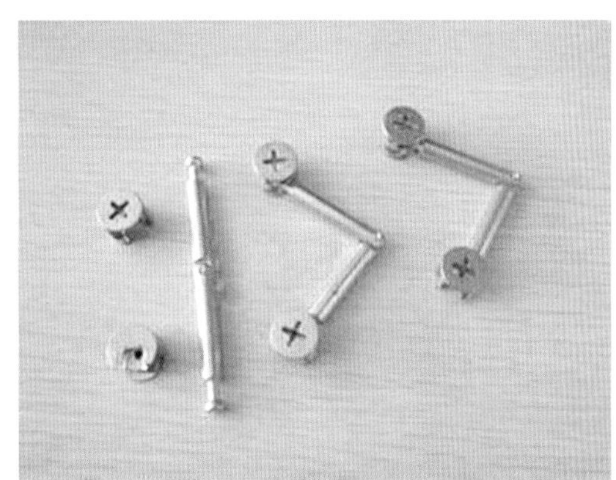

异型偏心连接件

2. 背板连接件

用于连接背板与侧板的一种连接件，由本体、偏心轴、鹰嘴沟组成。连接件预埋在侧板后侧的背板槽旁，鹰嘴勾与背板槽对齐，当背板插入背板槽后转动偏心轴，鹰嘴勾在偏心轴的带动下向本体中心方向移动并扎入背板中，牢牢锁紧背板。

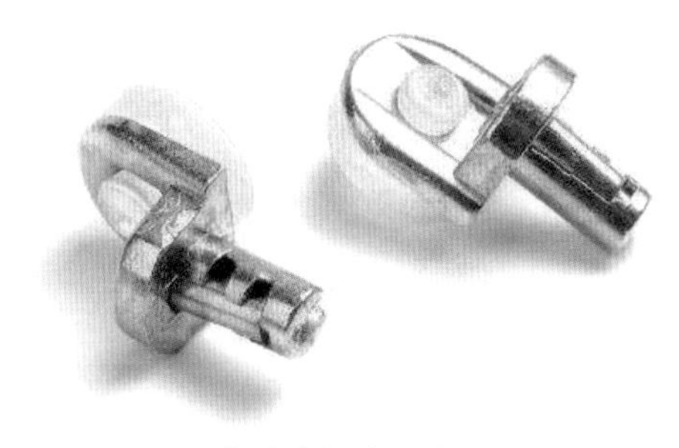

金属背板连接件

3.2.2 铰链

铰链的品种很多，包括合页、门头铰、玻璃门铰、弹簧铰链、专用特种铰链等，是用来连接两个固体，并允许两者之间做转动的机械装置。

1. 合页

合页用于柜门，材质一般为金属，如铁材质、铜材质、不锈钢材质是最为常见、应用最广的一种铰链。但合页不具备弹簧铰链功能，安装后必须再装上各种碰珠，否则风会吹动门板。

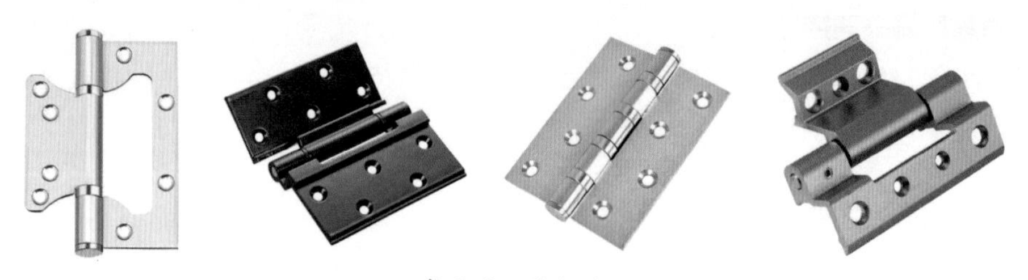

常见的四种合页

合页的安装要点

安装合页要注意 6 个要点，次序分别如下。

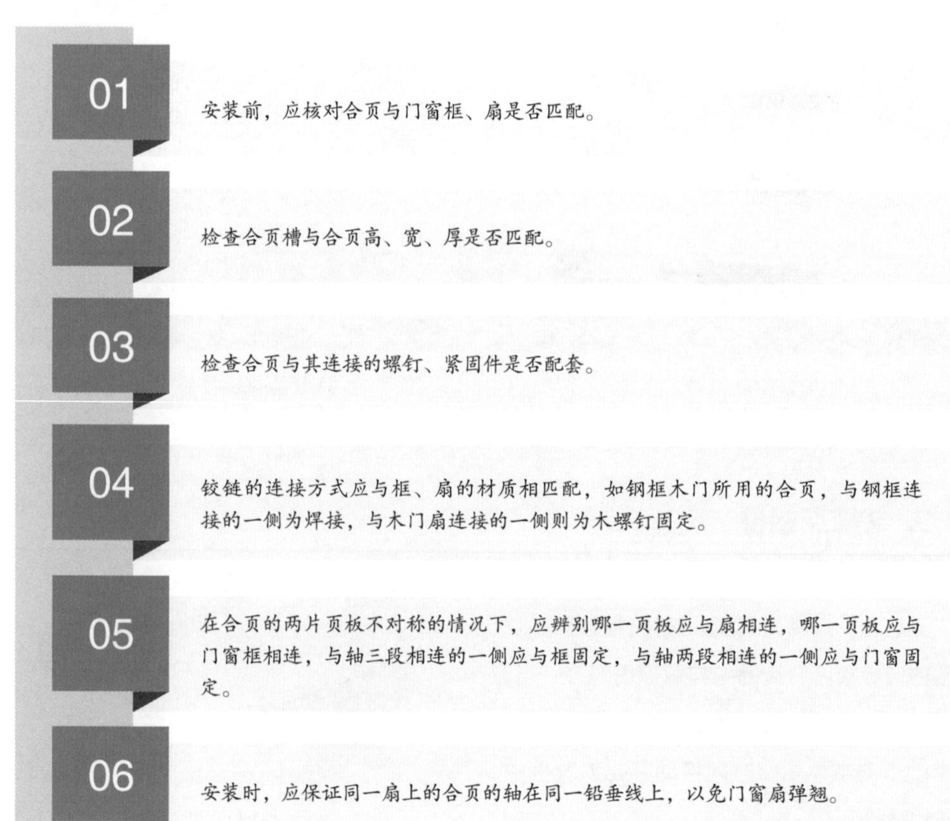

01 安装前，应核对合页与门窗框、扇是否匹配。

02 检查合页槽与合页高、宽、厚是否匹配。

03 检查合页与其连接的螺钉、紧固件是否配套。

04 铰链的连接方式应与框、扇的材质相匹配，如钢框木门所用的合页，与钢框连接的一侧为焊接，与木门扇连接的一侧则为木螺钉固定。

05 在合页的两片页板不对称的情况下，应辨别哪一页板应与扇相连，哪一页板应与门窗框相连，与轴三段相连的一侧应与框固定，与轴两段相连的一侧应与门窗固定。

06 安装时，应保证同一扇上的合页的轴在同一铅垂线上，以免门窗扇弹翘。

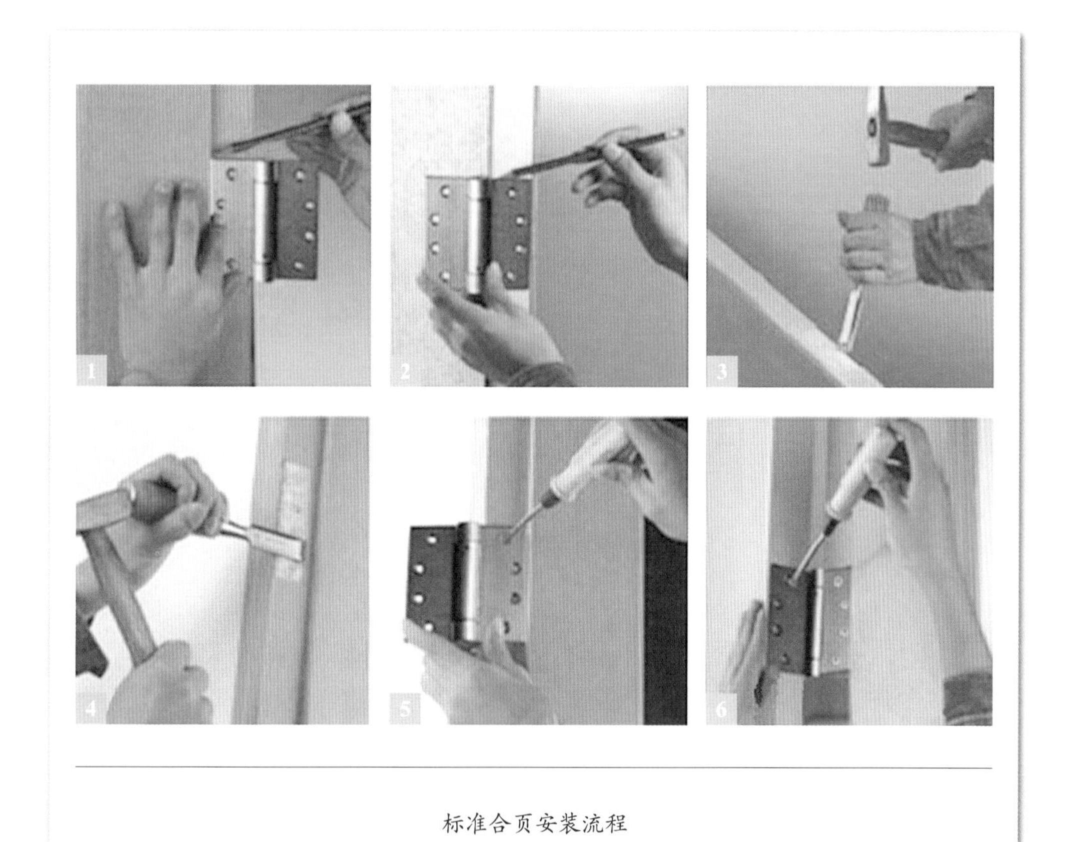

标准合页安装流程

2. 门头铰

门头铰是一种隐藏式的铰链，一般用于两个门板的上下端部。其可以旋转 360° ，按照其连接点形状，可以分为鸡嘴铰和圆嘴铰。

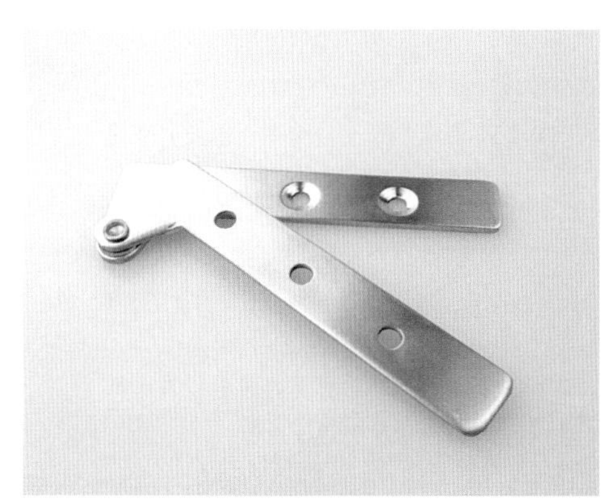

鸡嘴铰

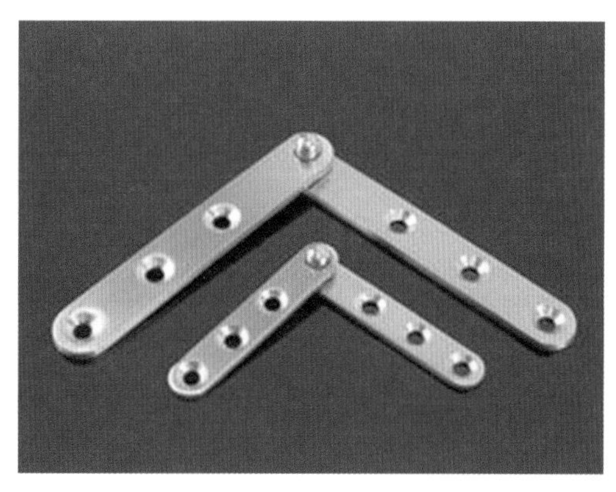

圆嘴铰

3. 玻璃门铰

用来连接柜板与玻璃门，并能使之活动的连接件，其工作原理与合页类似。

玻璃门铰

玻璃门铰的安装步骤

安装玻璃门铰有 5 个步骤，次序分别如下。

01

准备工具

包括测量用的卷尺、水平尺，画线定位的木工铅笔，开孔用的木工开孔器、手枪钻和固定用的螺丝刀等。

02

画线定位

首先用安装测量板或木工铅笔画线定位，再用手枪钻或木工开孔器在门板上打 35 毫米的铰杯安装孔，钻孔深度一般为 12 毫米。

03

固定铰杯

将铰链套入门板上的铰杯孔内并用自攻螺丝将铰杯固定。

04

固定底座

铰链嵌入门板杯孔后将铰链打开，再套入并对齐侧板，用自攻螺丝将底座固定。

05

调试效果

开合柜门测试效果。一般的铰链都可六向调节，上下对齐，两扇门左右适中，将柜门调试最理想效果为佳，安装好关门后的缝隙一般为 2 毫米。

4. 弹簧铰链

主要用于橱门，衣柜门，它一般要求板厚度为 18~20 毫米。由可移动的组件或者可折叠的材料构成，分为基座和卡扣两部分。弹簧铰链有各种不同的规格，如内侧 45 度角铰链，外侧 135 度角铰链，开启 175 度角铰链等。

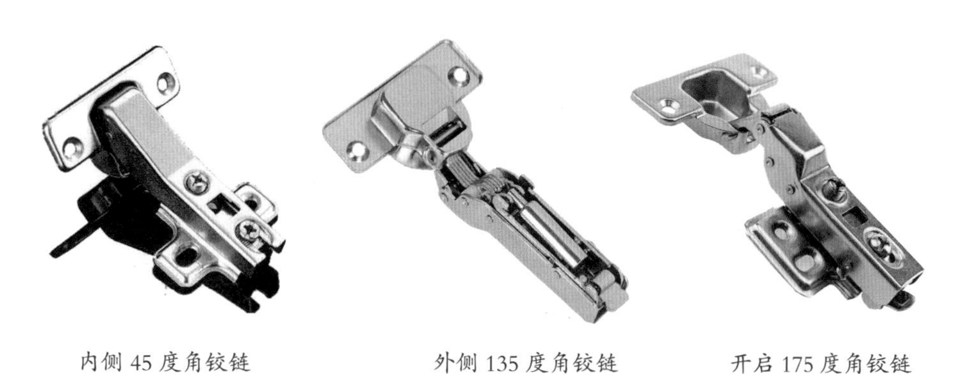

内侧 45 度角铰链　　外侧 135 度角铰链　　开启 175 度角铰链

3.2.3 滑轨

滑轨在定制家具中最常用的在抽屉导轨及门滑道，其他场合如试衣镜也会用到滑轨。

1. 抽屉滑轨

抽屉导轨通常为带槽或曲线形的导轨，常装有球式轴承。导轨的运动一般是直线的往返运动。抽屉承载的越重，直线运行的精度越高，某些时候可以扭动。

抽屉滑轨安装示意图

钢珠式滑轨

滚轮式滑轨

2. 门滑道

门滑道的专用滑轨有凹轨和凸轨两种。凹轨相比较凸轨，虽然相对不易清洁，但可以通过PVC 同色包覆，达到同衣柜柜体、柜门完全同色的效果，整体感更强；而凸轨的外形容易受到硬物碰撞而发生变形，所以一般是使用实心设计的样式。

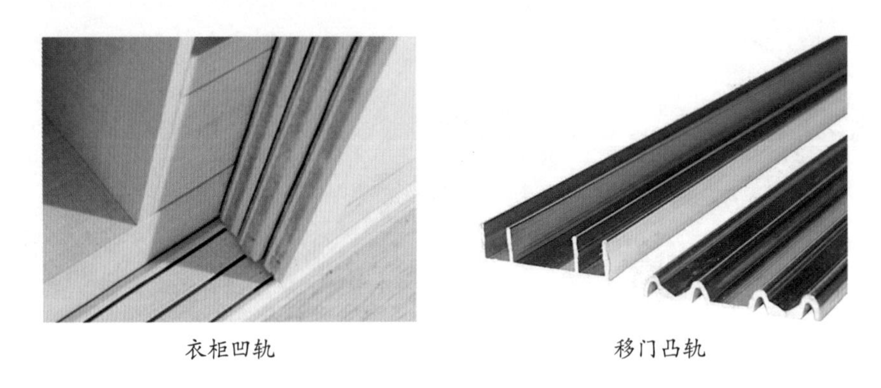

衣柜凹轨　　　　移门凸轨

滑轨门的三种设计方式

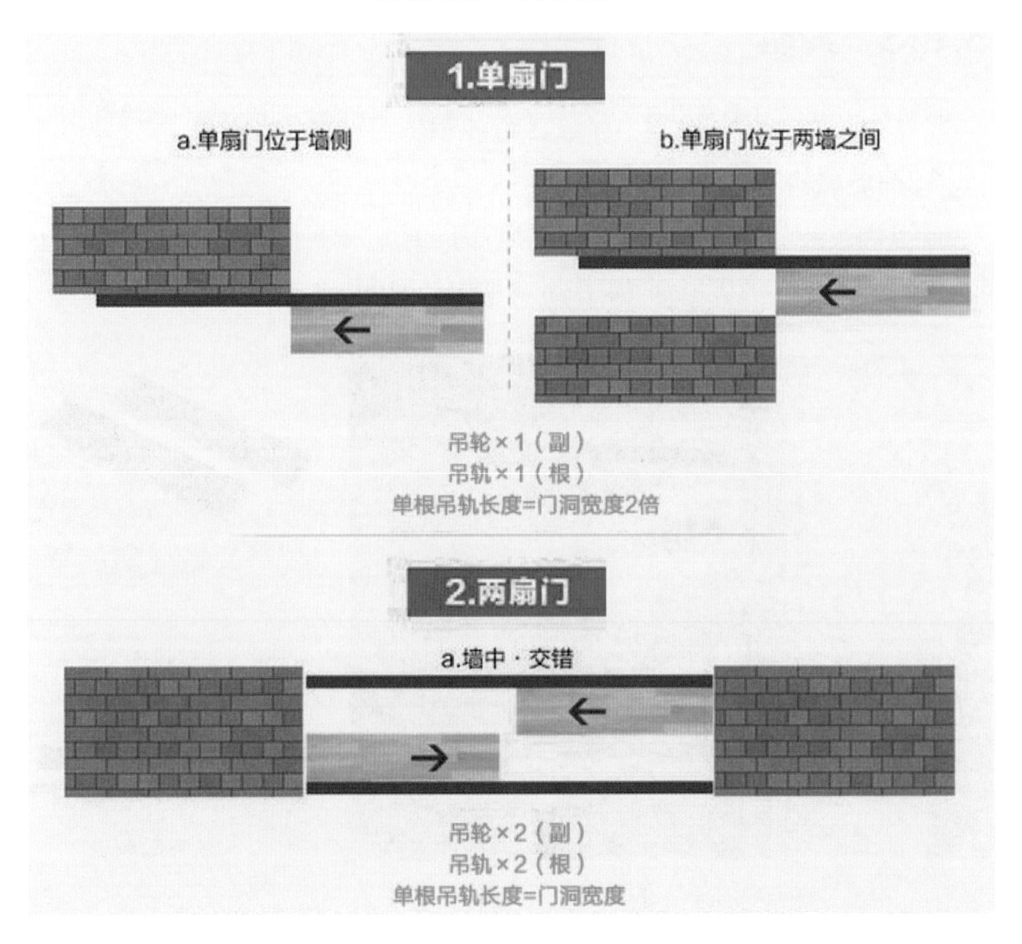

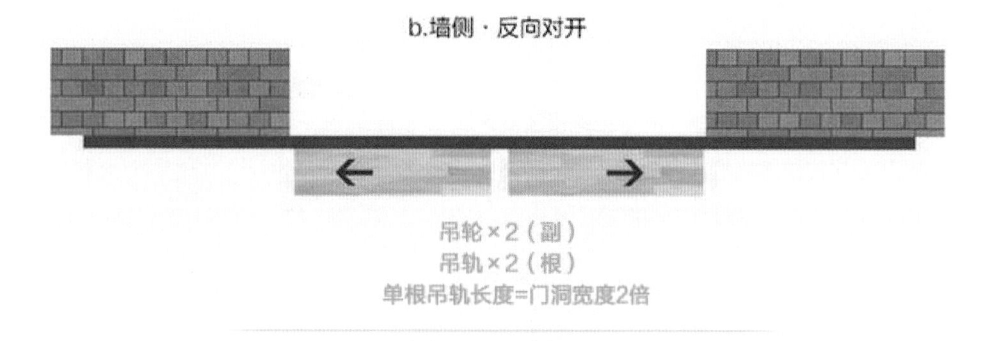

3.四扇门

墙中 · 两两交错

吊轮×4（副）
吊轨×2（根）
单根吊轨长度=洞口宽度

门滑道的滑轮设计工艺

由于定制家具的设计样式不同，对轨道的需求也就不同，因此便形成了新型的设计工艺，列举如下。

消音防锈设计

滑轮座套采用高硬度尼龙纤维材质设计，强度高、耐磨，而且可以保证与金属滚轮之间摩擦时不会产生响声。同时，其能有效减少空气对下横框和轮座金属件的侵蚀，防止生锈。

消音仿锈滑轮

卡槽设计

滑轮座套带有下凹槽，同下横框紧密连接，有效修正了传统下横框容易变窄或变宽的弊端，使滑轮更加稳定，不跳轨，不摆动。

卡槽式滑轮

动力弹簧装置

普通的滑轮是钢片防震，抗疲劳性较差，容易老化。而动力弹簧可代替传统的钢片缓冲，弹簧强劲不易疲劳，可以有效地减少门框在轨道中的震动，运行更加平稳。

定位设计

滑轮座套带有凸出的定位装置，用于连接竖框与专利滑轮，同卡槽设计相呼应，使得滑轮、竖框和下横框三体合一，连接更牢固。

3. 试衣镜滑轨

定制衣柜的功能之一，便是内部带有试衣镜。试衣镜已经不是单纯地粘附在柜板上，而是可以自由转动，伸缩方便，极大地增加了人们使用衣柜的便捷性。

试衣镜一般是配备滑动轨道，可以进行适当地扭动和伸缩运动。

试衣镜滑轨

3.2.4 锁具

指安装在门、箱子、抽屉等物体上的封缄器，配合专门的钥匙才能打开。

1. 抽屉锁

抽屉锁分两种，独立抽屉锁和联动锁。前者多运用在家居环境的抽屉中，后者多运用在办公环境的抽屉中。

独立抽屉锁

是市面上最常见、运用最广的一种锁具，一把锁锁一个空间，锁头单独作用。按照锁舌的形状分为方舌锁和斜舌锁。

方舌锁

斜舌锁

联动锁

在多组抽屉柜中，常采用一种联动锁系统，也称中心锁系统。它利用导轨上多个制动稍分别锁紧各个抽屉，而又只用一个锁头，一次锁多个抽屉。

联动锁有两种安装方式，一是锁头在抽屉正面，导轨装在旁板上，即正面锁；二是锁头与导轨同时装在旁板上，即侧面锁。

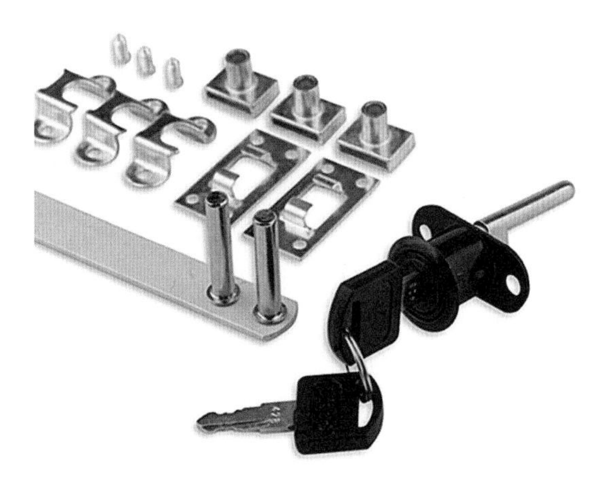

联动锁及专用钥匙

2. 柜门锁

柜门锁可以通用于单开门柜门和双开门柜门。柜门锁的安装很简单，只需在门板面板上开直径20毫米的圆孔，用螺钉固定便可以。

柜门锁及钥匙

3.2.5 拉手

拉手是用于安装在门、抽屉、柜体等物体上方便开关门的部件。拉手的材质有多种，如原木质、不锈钢、锌合金、铁及铝合金。

拉手的表面处理有多种方式。不锈钢材质的表面处理有镜面抛光、表面拉丝等；锌合金材质的铰链表面处理一般有镀锌、镀亮铬、镀珍珠铬、亚光铬、麻面黑、黑色烤漆等。

拉手的样式有多种。传统的拉手外露在柜体表面，现代工艺制作的拉手则有暗拉手、隐藏拉手和旋转式暗拉手等。

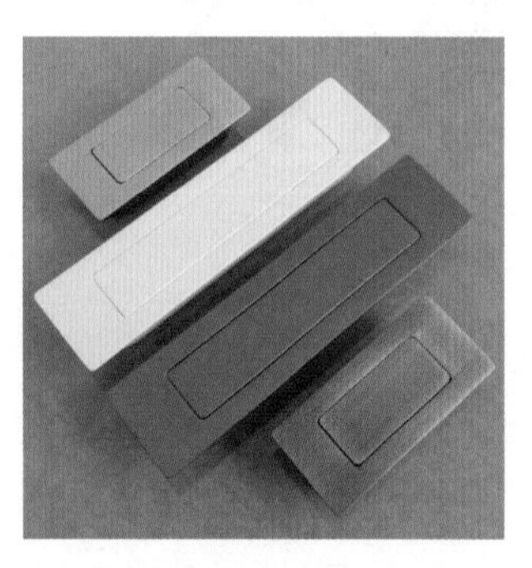

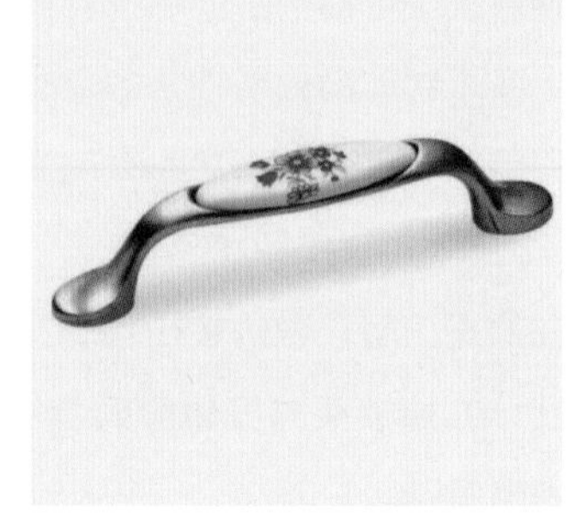

常见的拉手材质及样式

3.2.6 位置保持五金

位置保持五金主要用于活动部件的定位，通常是一些小配件类的五金。

1. 翻门吊杆

指用于翻门板上的吊杆，能起到支撑翻门板的作用。翻门板式可以绕水平轴转动开闭的门，分为上翻门和下翻门两种，其中下翻门用得比较多。

下翻门吊杆

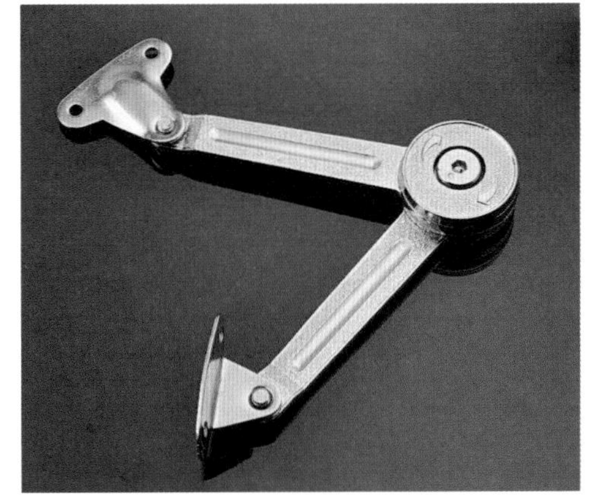

上翻门吊杆

2. 背板扣

背板扣的种类繁多，一般以金属材质为主，用于连接背板和侧板，配合螺钉使用。

3. 磁碰

多用在家具柜门中，如衣柜、储物柜等。其作用原理是利用有磁性的两部分，相互吸引从而紧密贴合，达到锁紧的作用。

背板扣安装示意图

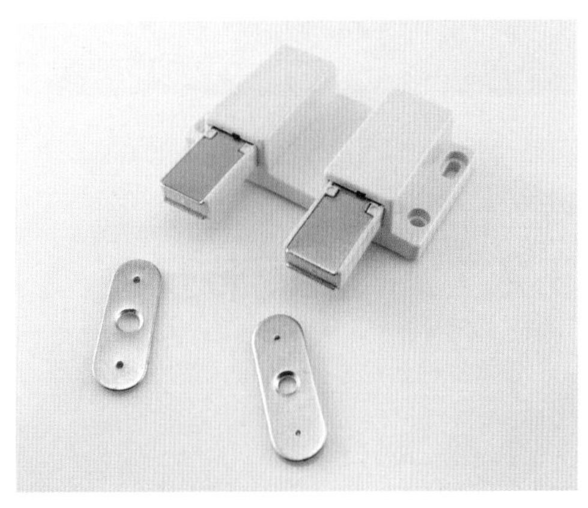

磁碰配件

4. 金属挂衣架

金属挂衣架具有升降功能，帮助使用者自由地拿取衣物，而不会受到衣柜高度的影响，提供了很大的便利。其中，电动的升降衣架可以利用衣柜 2.1 米以上的空间，可充分利用空间。

衣柜升降挂衣架

5. 吊码

吊码是可以把吊柜挂在墙上的一个小巧五金配件，实现吊柜和墙体的连接。其主要设计在橱柜中，安装在吊柜中起到调节高低的作用。目前，市场上主要有明装 PVC 吊码和钢制隐形吊码。其中，后者的承重能力更强，使用寿命更长。

明装吊码

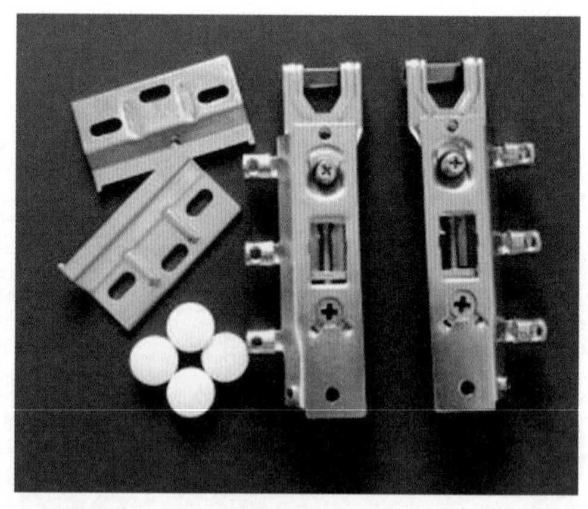

隐藏式吊码

3.2.7 高度调节五金

位置保持五金主要用于活动部件的定位，通常是一些小配件类的五金。

1. 翻门吊杆

翻门吊杆指用于翻门板上的吊杆，能起到支撑翻门板的作用。

脚钉

脚垫

2. 调节脚

调节脚能起到调节家具高度的作用，通过定制不同长度的脚垫，可以得到合适的高度。调节脚的用处，可以使家具在不平的地面保持平稳。

铁脚盘调节脚

塑料调节脚

3.2.8 支撑件

主要用于支撑家具部件，如层板支架、层板托、衣柜托等。其中，层板托是指柜体式家具中用于承托中间隔板的五金配件，多用于衣柜、橱柜、鞋柜、书柜等分层式家具中。其安装方法是，其中一端固定在家具或者墙体的侧壁，另外一端平行于地面，用来搁置木板或者玻璃层板，以隔开一个柜子的上下空间。

衣柜托是衣柜里面常见的一个小零件，固定于板面上用于支撑挂衣杆。此外，位置保持五金还包括一些挂板配件。

层板支架

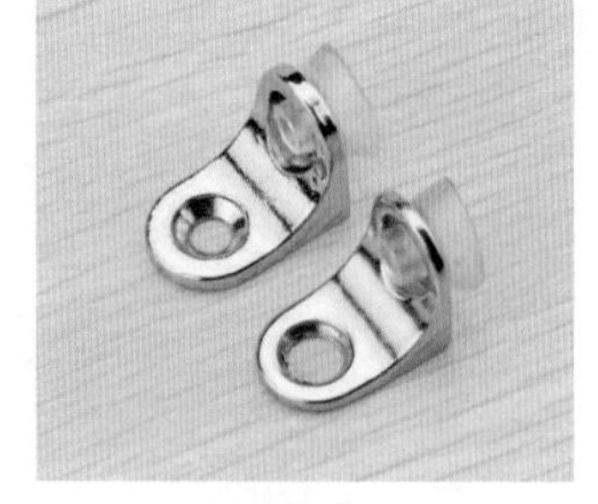
层板托

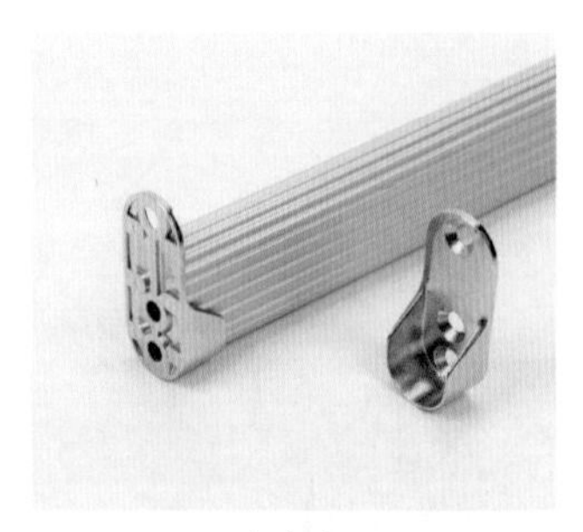
衣柜托

3.2.9 其他五金件

1. 旋转衣架

可最大限度利用衣柜转角空间，每一层可 360° 独立旋转。衣架采用橡胶软圈包裹，裤子长期悬挂无挂印，且不易滑落。

2. 金属挂钩

挂钩用于悬挂物体，可以钉在墙上或者柜板上，小巧方便。其样式丰富，一般搭配家具风格选择而选择。

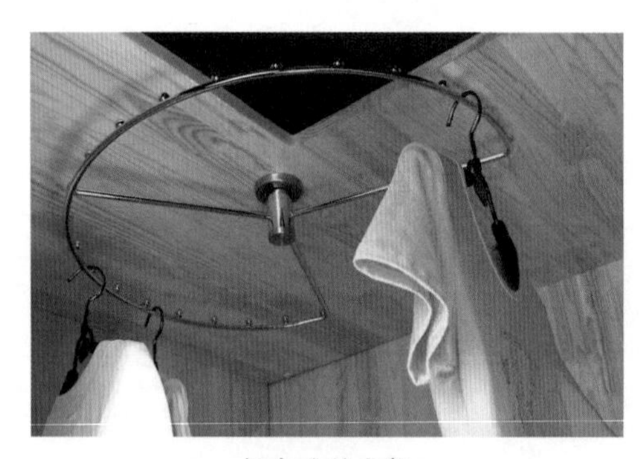
柜内旋转衣架

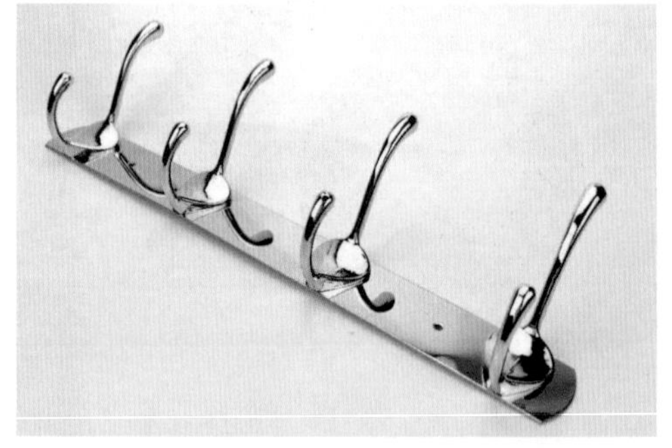
不锈钢挂钩

3. 滑轮

滑轮是一个周边有槽，能够绕轴转动的小轮，经常用在可移动式家居中，如移动式抽屉柜、餐边柜等。

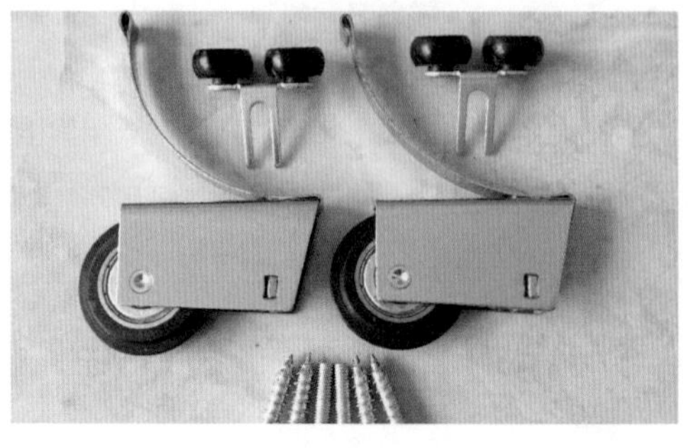
金属滑轮

3.3 其他辅材

辅材指家具结构中那些辅助性的材料，区别于主要的板材等主要材料。其他类辅材则指一些不常用的辅助性材料，如玻璃、装饰线条以及铝型材等。

3.3.1 PVC 板

PVC 分为单贴面 PVC 和双贴面 PVC 两种。其中，单贴面 PVC 的样式有百叶板、D 形板、曲奇板、V 型板、浪纹板等，材料采用的是高分子合成纤维 PVC，经 200℃的高温无胶热贴面处理。具有无甲醛释放，具有防潮、防水、防火等特点。

单贴面 PVC 板多用于趟门、平开门以及装饰背景墙等。

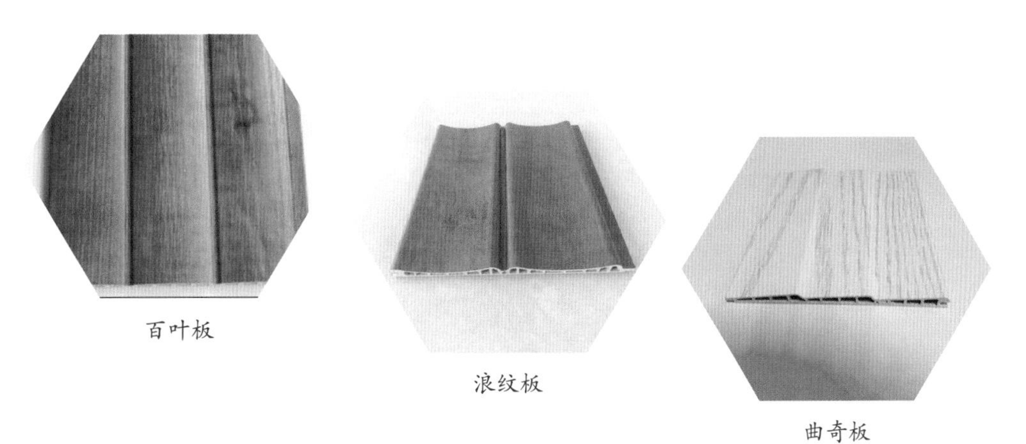

百叶板

浪纹板

曲奇板

双贴面 PVC 板，外面采用高分子合成纤维 PVC 材质，经 200℃的高温无胶热贴面处理；内面采用冷贴面工艺贴面，采用进口 PVC 膜和专用进口胶水，用专用设备包覆处理。具有无甲醛释放，致密性高，少气泡孔，韧性大、强度高等特点，另外，双贴面 PVC 板坚固耐用，不易变形。

双贴面 PVC 板多用于趟门、平开门、装饰背景墙以及天花板等。

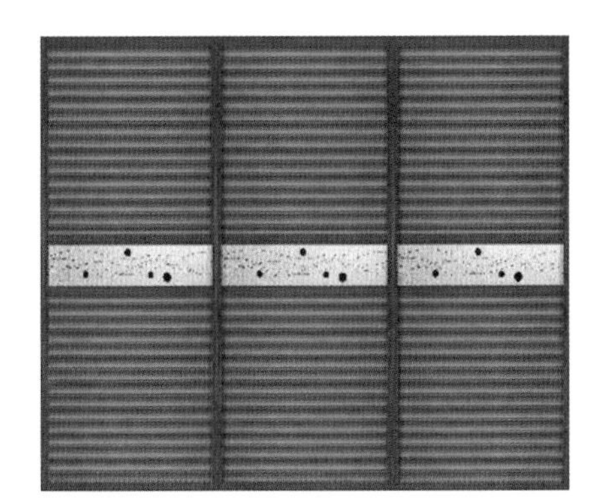

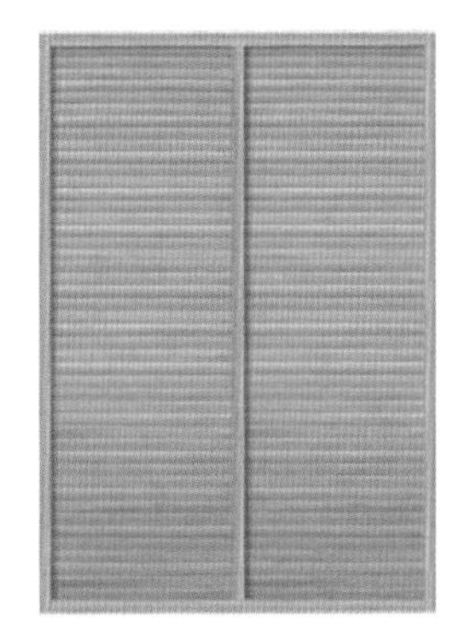

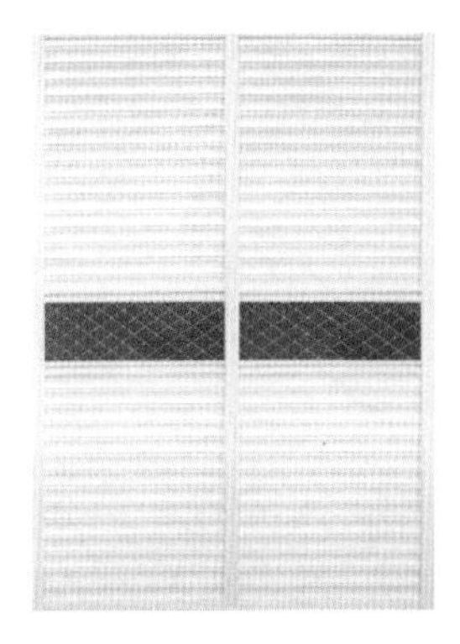

成品衣柜门样式

3.3.2 玻璃

玻璃是一种较为透明的固体物质，是在熔融后形成连续网络结构，冷却过程中黏度逐渐增大并硬化而不结晶的硅酸类非金属材料。

定制家具中，对玻璃的运用比较多，但多数以小面积为主。主要的分类有磨砂玻璃、拉丝玻璃、彩绘玻璃、金属玻璃、钢化玻璃等，具有装饰、分隔空间的作用。

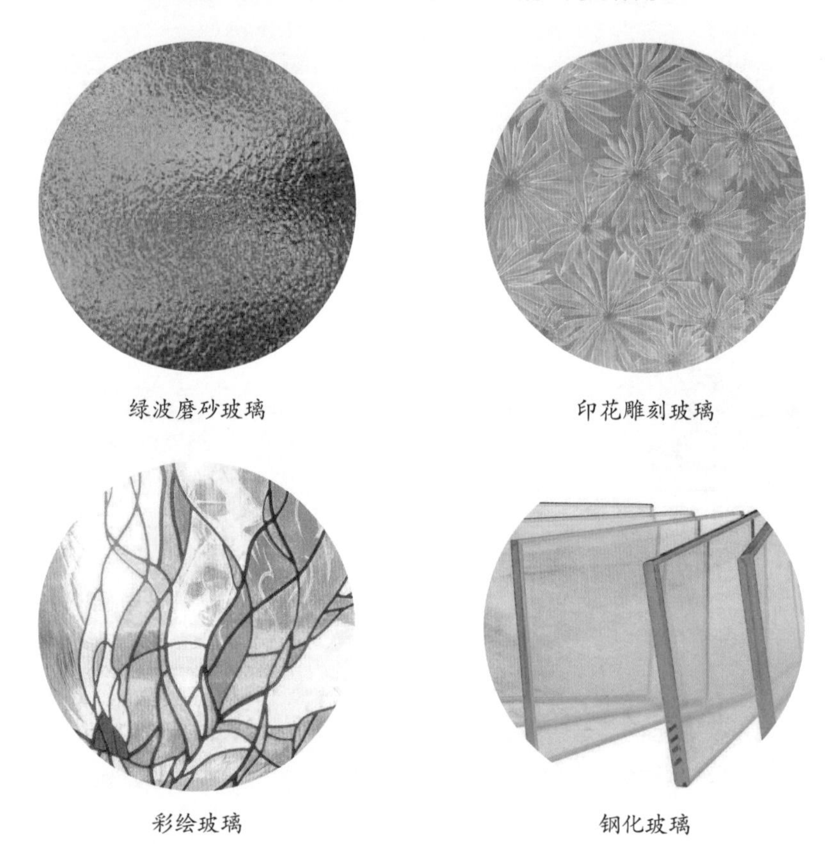

绿波磨砂玻璃　　印花雕刻玻璃

彩绘玻璃　　钢化玻璃

3.3.3 铝型材

铝是一种银白色轻金属，有延展性，本身十分柔软。在加入镁、钛等刚性金属材料之后，即可成为兼具刚柔特性的合金材料，即为铝型材。由于其重量轻、强度高、塑性好、有优良的耐腐蚀性以及着色性，所以在现代工业生产和室内装饰中有广泛的应用。

在定制家具中，铝型材主要应用于推拉门边框、滑轨、立柱、收纳拉篮等构件中。其中，应用最大、最广泛的位置是推拉门边框，因为铝型材重量轻、强度高的特点，大大减轻了推拉门的重量，增加了使用的便捷度。同时，铝型材塑性好，有优良的着色性，制成的边框造型丰富美观，立体感强，使推拉门边框与面板、柜体颜色一致，过渡流畅。

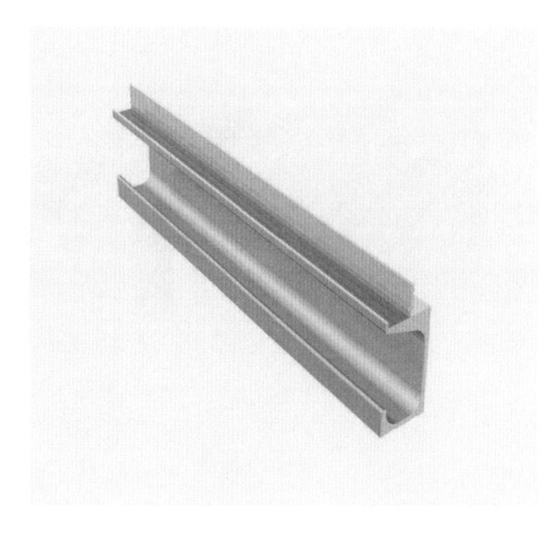
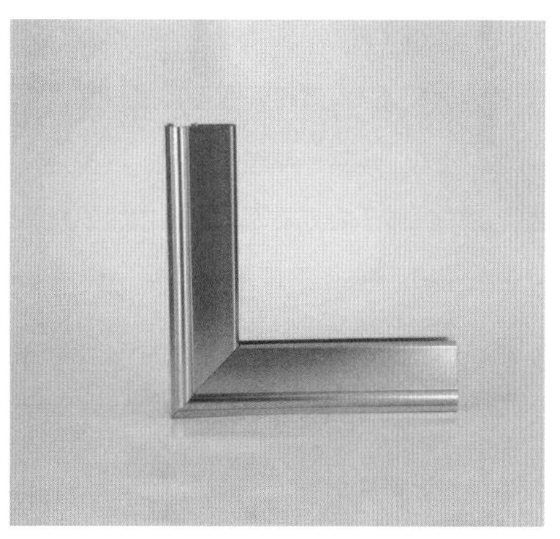

铝合金边框

铝合金边框衣柜门

3.3.4 装饰线条

装饰线条可以使定制家具与室内环境更好地融合。装饰线条应用在家具与墙体的连接处，一方面起到收口的作用，另一方面起到装饰美观的作用，突出家具的风格、外观，增强其装饰性。

装饰线条的应用还包括镜线、各种收边、压条、窗帘盒、门饰、电视背景墙、沙发背景墙、床头背景墙、楼梯、天花吊顶、角线等。其外形有平板线、半圆线、雕花角线板、素面角线板、线板转角等。其材质有木线条、铝合金线条、不锈钢装饰线条、石材线条和塑料装饰线条五大类。

1. 木线条

木线条的选择，应挑选木质坚硬、耐磨、耐腐蚀、油漆上色好、黏结性能好、钉着力强的木材，然后经过干燥处理后，用机械加工或手工加工而成。木线条应表面光滑，棱角、棱边及弧面、弧线即挺直又轮廓分明，并且不得有扭曲和斜弯。

木线条的品种较多，从材质分有杂木线、泡桐木线、水曲柳木线、樟木线和柚木线等。

原色木线条

木线条的设计应用

木线条常用来设计在橱柜的吊柜上、衣柜的顶角线、酒柜的边线、装饰柜的门板上和电视背景墙中。其线条纹理多样，有波浪纹、雕花纹、鎏金纹、彩漆纹等。

木线条设计案例（1）

木线条设计案例（2）

木线条设计案例（3）

木线条设计案例（4）

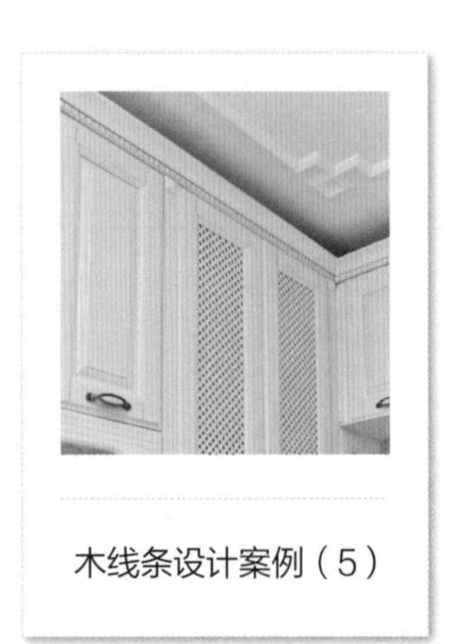

木线条设计案例（5）

木线条设计案例（6）

木线条设计案例（7）

木线条设计案例（8）

木线条设计案例（9）

2. 石材线条

石材线条的曲线表面光洁，形状美观多样，可与石板材料配合，用于高档装饰的墙柱面、石门套、石造型等场所。石材线条所选用的材质多用进口大理石或花岗岩。

成品石材线条

石材线条的设计应用

石材线条常用来设计在电视背景墙、橱柜大理石台面的收边、洗手柜的收边和装饰柜的收边等。石材线条很少有雕花纹理，通常是以波浪纹线条来突出造型的变化，同时搭配不同的石材种类，呈现出精致的设计感。

石材线条设计案例（1）

石材线条设计案例（2）

石材线条设计案例（3）

石材线条设计案例（4）

石材线条设计案例（5）

石材线条设计案例（6）

石材线条设计案例（7）

石材线条设计案例（8）

石材线条设计案例（9）

3. 铝合金线条

铝合金线条具有轻质、高强、耐腐蚀、耐磨、硬度强等特点。其表面经阳极氧化着色处理，有鲜明的金属光泽，耐光和耐气候性能良好。铝合金线条表面还可以涂刷电泳漆膜，坚固透明，涂后更加美观。

铝合金线条用于收边装饰线、角线、画框线等方面。

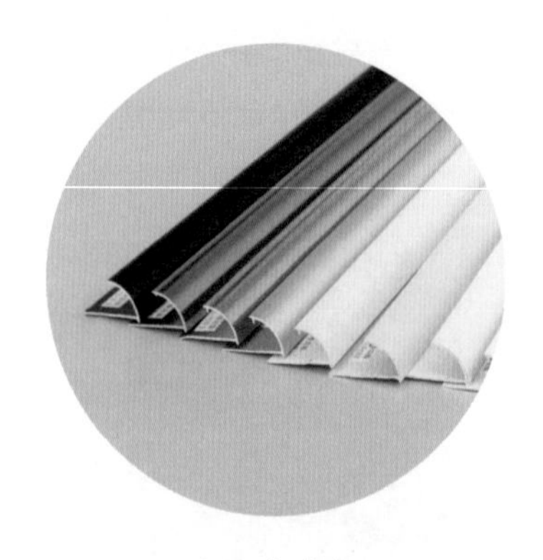

铝合金线条

铝合金线条的设计应用

铝合金线条常用来设计在衣柜的移门中，用来作为收边材料。在设计样式上，多采用欧式石膏线的设计纹理；在色彩上，可根据柜门的颜色进行相应的涂膜。

铝合金线条设计案例（1）

铝合金线条设计案例（2）

铝合金线条设计案例（3）

铝合金线条设计案例（4）

铝合金线条设计案例（5）

铝合金线条设计案例（6）

4. 不锈钢线条

不锈钢线条具有强度高、耐腐蚀、高光泽、防水、耐擦、耐气候变化的特点。不锈钢线条的装饰效果好，属高档装饰材料，用于各种装饰面的压边线、收口线、柱角压线等处。

彩色不锈钢线条

不锈钢线条的设计应用

不锈钢线条与铝合金线条一样，常用来设计在衣柜的移门中，有时也设计在墙面背景墙中，用来作为收边材料。不锈钢线条的样式相比较铝合金线条，要略单调一些，通常以直线条为主，同时有着较高的性价比。

不锈钢线条设计案例（1）

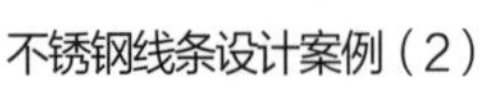

不锈钢线条设计案例（2）

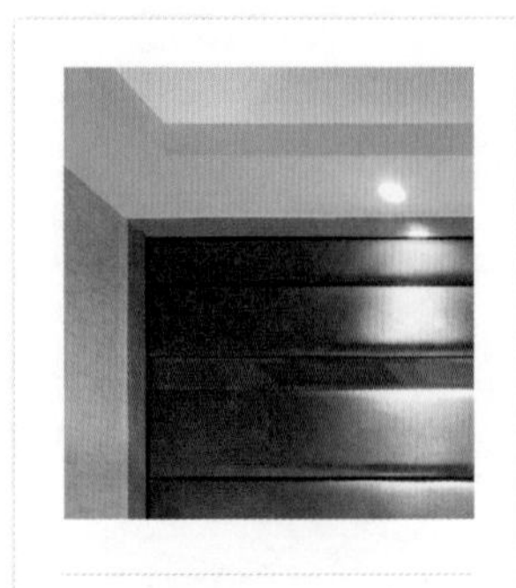

不锈钢线条设计案例（3）

不锈钢线条设计案例（4）

不锈钢线条设计案例（5）

不锈钢线条设计案例（6）

5. 塑料装饰线条

塑料装饰线条是用硬聚氯乙烯塑料制成的，具有耐磨、耐腐蚀、绝缘效果出色等特点，经加工一次成型后，不需再经装饰处理。

塑料装饰线条有压脚线、压边线、封边线等几种，外观和规格与木线条相同。

塑料装饰线条

定制家具的生产制作与工艺

定制家具的生产流程

定制家具的工艺讲解及重点机器介绍

制作生产的信息化管理办法

4.1 生产流程

定制家具的生产工艺流程比传统板式家具的工艺流程更加紧凑和高效。在采购原材料时，很多定制家具厂家会直接采购已经完成贴面的的板材，既节省了生产空间，又简化了生产工序。多数定制家具厂家的生产流程集中在了柜体和门的生产上，其他零部件往往采用外协加工的方式生产。

4.1.1 柜体生产

柜体生产的具体步骤如下。

1. 图纸检验

家具设计图纸由销售门店设计师提供，但由于销售门店设计师所设计的家具图纸参差不齐，加上每一个订单的家具又都不相同，图纸很容易出现小的误差和错误。因此，在正式下达生产任务前，必须对设计图纸进行审核，以确保设计不会出现失误，生产任务可以正确进行。

2. 拆单

拆单是指从设计图纸到加工文件的转化阶段。其任务是把前期设计好的家具订单拆分成具体的零部件，然后根据零部件的加工特性对加工过程中的分组、加工工序、加工设备等详细步骤进行规划。

每一个订单都会生成独立的生产单号，拆单的结果将以生产数据文件的形式保存。内容包括生产加工所需的详细信息，生产系统中的计算机可以识别这些数据，然后控制加工设备进行加工。

整个的拆单过程只需要几秒钟，内部复杂的计算方式则由计算机完成，大大提高了生产效率。

3. 开料

开料是定制家具生产的关键。拆单后的生产文件通过计算机传送到电子开料锯上，工人只需选择相应的文件，电子开料锯就会根据文件中的数据裁切板材，联机的条码打印机同时打印出条形码。条形码相当于板件的身份证，在后续的加工工序中是识别板件的唯一方式。工人只需扫描板件的条形码，加工设备就会自主对板件进行后续加工。

电子开料锯的控制软件可以对开料方案进行优化，提高裁切的出材率和裁切效率。

普通的裁板锯则作为电子开料锯的补充使用。一些非标准、少量的板件裁切可以用它来完成，例如运输过程中损坏并需要补发的板件等。

电子开料据生产

4. 封边

定制家具的封边工艺与做法与普通板式家具基本一致，但在一些细节上有较多的优化处理。例如，为了提高加工效率，很多新型的封边机上采用激光来加热封边。有的封边机还添加了开槽功能，通过在封边流程后方加上开槽锯片，可以在封边加工后直接对板件进行开槽操作，节省了一步工序。

封边细节展示

5. 槽孔加工

定制家具的槽孔加工由数控钻孔中心来完成。数据钻孔中心可以在一台设备上实现板件多个方向上的钻孔、开槽、铣销等加工。无须人工对设备进行调整，只需在加工前对板件的条形码进行扫描，设备就可以自行对板件进行加工，避免了传统板式家具槽孔加工环节中，多台设备调整复杂、工序繁多的缺点。

槽孔加工完成后的板件

数控钻孔中心的操作流程

开机准备 → 扫描板件标签 → 加进板件，启动加工 → 清洁整修 → 堆放板件

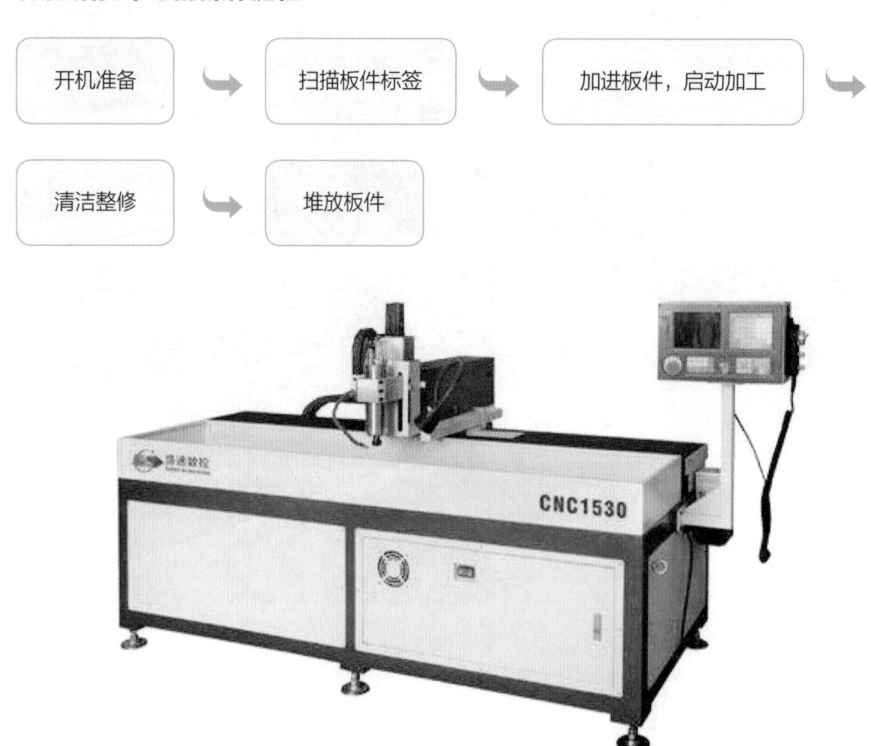

数控钻孔机器

6. 表面装饰

定制家具的表面装饰，根据生产工艺分为上涂料和免漆两大类。

涂料是指涂刷在物体表面，能形成牢固附着的、连续的、具有保护、装饰和特殊性能涂膜的有机高分子化合物或无机化合物的液态或固态材料。一般涂料应用比较多的部分是门板以及面板等外露的关键部位。

家具中常用的涂料有硝基漆（NC 漆）、不饱和树脂漆（PE 漆）、聚氨酯漆（PU 漆）、紫外光固化油漆（UV 漆）和水性漆几大类。

油漆工艺实木门板

免漆技术是在板材表面包覆一层装饰层，一般用于家具面板、门、装饰板等部分的装饰。需要使用到的机器是真空覆膜机，也叫真空吸塑机。真空覆膜技术可以实现零件的单面或双面覆膜，尤其适合表面带有雕刻装饰或较复杂造型的板件。它利用抽真空获得负压对贴面材料施加压力，可以在异型表面上均匀施压，主要适合对各种橱柜门板、覆膜、软包装饰皮革等材料表面积四面覆 PVC、木皮、装饰纸等，可将各种 PVC 膜覆到家具、橱柜、音箱、工艺门、装饰墙裙板等各种产品上。

覆膜工艺板

真空覆膜主要过程

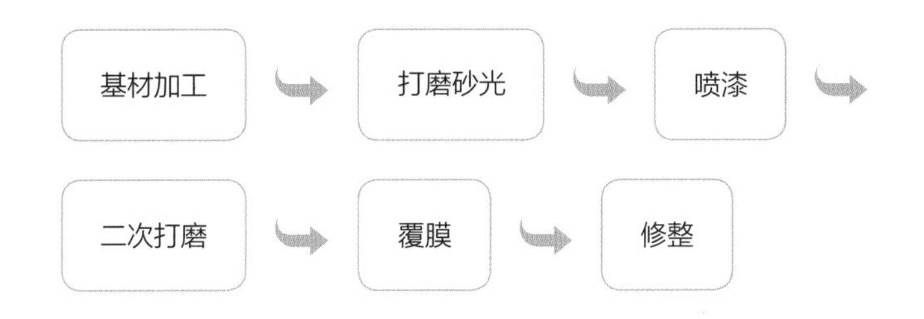

真空覆膜主要过程

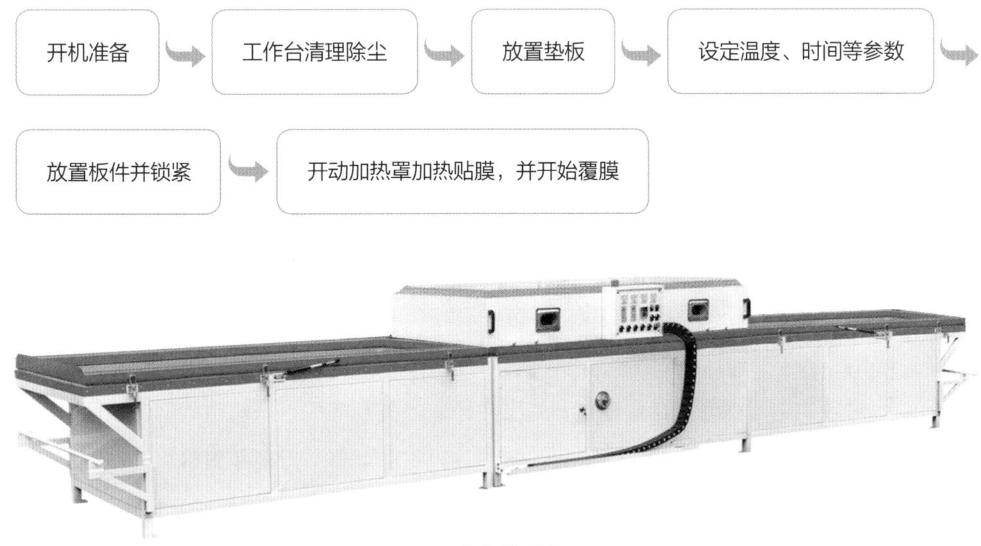

真空覆膜机

7. 分拣

加工完成后的板件要根据订单信息进行分拣存放。分拣的效率和准确性是定制家具高效生产的关键因素。工人扫描板件上的条码标签后，系统自动为板件分配堆放空间。同一订单的板件分拣齐备后，堆放板件的滑轨或架子上灯光亮起，工人即可将此板件送往包装工序。

4.1.2 门板生产

门板生产的具体步骤如下。

1. 门板的结构

门板的作用使分隔柜内与外部室内空间，防止灰尘、潮气进入柜内，并具备开合功能。门板是需要频繁开启的活动部件，因此结构与质量要求较高。其常见结构有如下几种。

整板门

这种门的接缝是完整的一块板件，可在板面通过雕刻纹样或铣削型边进行装饰，通过五金件开启。

框架嵌板门

框架可使用板材、实木、金属、塑料等多种材料制成，嵌板可以用玻璃、板材、实木等多种材料。大衣柜的移门等部位常用这种结构。

仿框架式门

这种门一般用人造板材铣削成型，外观上模仿框架嵌板结构，如在门框转折处铣削细小的沟槽来模仿框架之间的接缝，也可以在板面中间镂铣出空洞，用来安装玻璃、百叶等，一般尺寸较小，常用在书柜的玻璃门上。

2. 门框加工

门框的结构有两种，一种是 45 度格角框，一种是垂直组合框。斜角拼接时，需要在角部塞入预埋件，然后用螺钉将门框固定；垂直拼接时，直接将横线框的端头用螺钉固定到竖框上。

目前，常用的金属框为铝合金型材，为了和柜体的外观搭配，一般也需要在表面覆膜。铝型材覆膜可以采用型材包覆机加工。可包覆多种型材的叫作“万能包覆机”，常用在定制家具的生产中。万能包覆机适用于木质、铝塑型材、发泡材料等各种型材，在表面上贴覆PVC、装饰油漆纸、实木皮的生产。

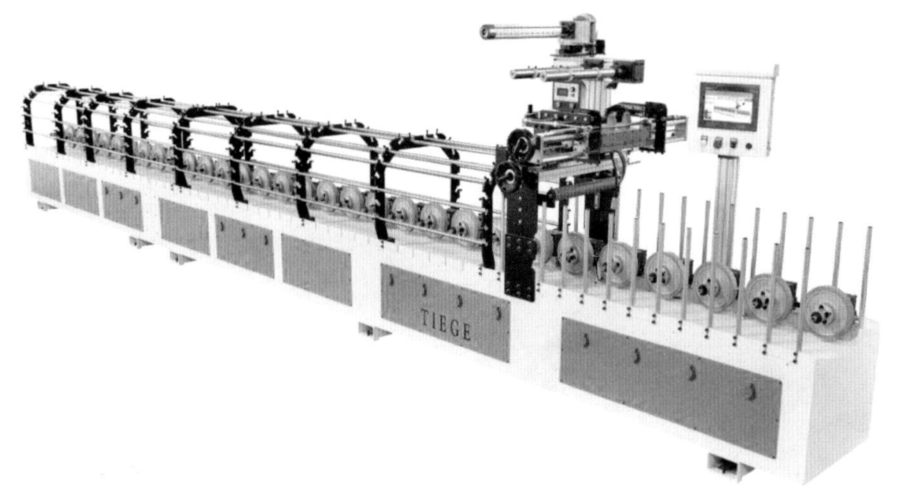

万能包覆机

3. 门板加工

嵌板的材料多种多样，可根据客户要求制作人造板材、织物软包、玻璃、镂空雕花图案等。织物软包一般是以人造板作为基材，在表面粘贴海绵等填充物，最后包覆上织物。玻璃、艺术玻璃、镂空雕花板等多从供应商处采购。

4. 门的组装

定制家具门的组装基本实现了模块化，客户可以根据需求选择边框、嵌板等各部分的样式，工人只需根据设计图纸的要求就可以组装出所需的门。

其中，框架嵌板门的工艺流程如下。

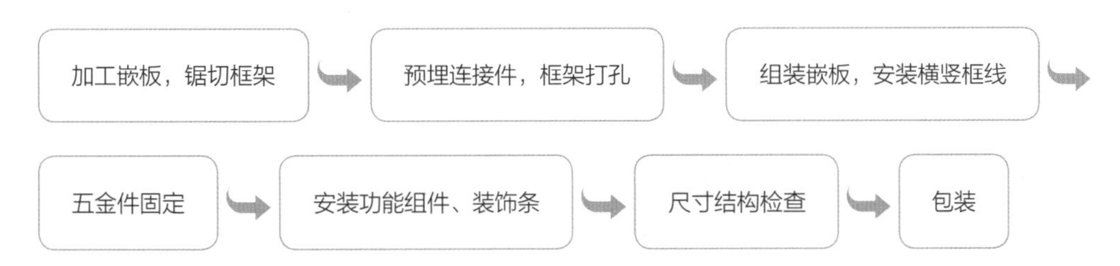

4.1.3 零部件加工

零部件指实现定制家具诸多附加功能的辅助性部件。

1. 曲面零件的加工

曲面零件一般采用开槽弯曲的方法进行加工。在板的一面沿着弯曲轴垂直方向均匀地加工 V 形槽或者 U 形槽，在开槽面上涂胶，粘贴到薄板上，并模压弯曲，固化成型后，对板边进行封边。另一种方法和开槽法类似，是将板材切割为小块后模压胶合弯曲。

2. 五金配件

五金配件一般都是向外协厂商采购，这主要是因为柜体中的结构五金件和实现各种附加功能的组件设计的生产工艺比较复杂。常用的有门铰和抽屉组件、移门轨道和滑轮、衣柜拉篮、挂衣杆等。目前，还出现了形式多样的多功能组件，如智能衣柜门锁、自动移门等。

各类五金配件

3. 结构装饰件

定制家具在实际安装过程中，不可避免地会遇到各种问题，例如墙体和柜体之间的缝隙等。这时，就需要一些特殊的零部件，这些零部件可能兼顾装饰功能和结构功能，如封边扣板、柜顶装饰檐板等。

4.1.4 产品包装

完整的定制家具包装包括柜体包、门包和配套的五金件包，所采用的包装材料一般为硬纸板。板件根据尺寸被整合包装，以节约空间。其包装流程如下。

4.1.5 仓储与发货

成品仓储库

定制家具的仓储方式与传统板式家具不同，定制家具由于有明确的客户需求，一般不会出现库存现象。但是，一批家具在各个部分生产完成前，或成品进入物流环节之前，需要在工厂暂存周转。存储这些周转中的成品的地方就是成品库。

成品库被划分成若干个区域，每个区域都有自己的编号，方便查找。

入库时，仓库管理员需要扫描纸包上的条码，仓库管理系统软件会自动分配储存空间。同一批家具在生产完毕后，系统中下载出库清单到扫描器，清点纸包后扫描出库。

发货时，将货物包用周转车搬到发货平台，并对纸包条码进行扫描核对。无误后，可以将货物装车，统一送往物流点。定制家具的配送，一般都是由第三方物流公司负责，货物直接配送到当地经销商处。

4.1.6 现场安装

定制衣柜安装细节

定制家具自身的结构比较规范，连接方式比较标准，安装人员只需进行一段时间的培训就可以掌握安装方法。现场安装操作时，安装人员只需要参考设计图纸就可以完成安装。

一些复杂的大件家具，为了确保家具的结构尺寸等不出现问题，会在生产完成后在工厂进行试装，试装无误后，拆开再进行包装。

现场安装过程包括定制家具自身的组装、定制家具与墙体配合等，其具体安装步骤如下。

01

检查包装的完好性，根据订单对零部件进行核对。

02

清理操作区域。首先清洁柜体安装部位的地面和墙面，防止安装后无法清洁，对柜体稳定性造成影响。其次要在客户家中找出一块空地作为工作区，在此区域内进行组装操作。安装时，可以将包装材料平铺到地面，可以保护家具表面，以及客户家里的地面。

03

组装柜体、抽屉等部件。组装过程中，要注意对照结构图纸，根据指定的顺序进行组装。

04

安装柜体。安装时，需要对客户室内的柜体安装位置再次测量，确保柜体可以安装到位。如果出现地面高度不平、墙体缝隙等问题时，需要对柜体的尺寸进行调整。

05

安装功能组件。将组装好的功能组件安装到柜体上，并进行调试。

06

处理交界处。对柜体与墙面、柱体、天花板等各个方向的交界处进行处理，对缝隙进行填充，并使用同色盖板遮挡。

07

安装验收。对柜体结构稳定性进行检查，确保连接紧密，结构上横平竖直。对活动部件、功能组件的可用性进行检查，确保功能稳定可靠。

08

清洁家具和室内场地。清理安装过程中产生的杂物和家具上的灰尘等，清理加工痕迹。检查工具、配件的完整性。

4.2 生产管理

定制家具的高效生产主要取决于生产系统的自动化和信息化水平。定制家具生产系统主要是为了满足定制家具多品种、小批量和缩短产品周期的生产。

相比较传统的板式家具，定制家具的生产管理流程要精练很多。

4.2.1 生产排单与组织

得益于计算机技术的发展，定制家具的生产过程应用了各种先进制造技术。企业与客户的沟通、对生产过程的控制更加精准，生产系统更加高效。

1. 成组技术

定制家具的材料种类类似、结构设计遵循 32 毫米系统，不同产品的工艺流程基本一致，非常符合成组技术应用的要求。

成组技术（GT-group technology）的核心是成组工艺，它是把结构、材料、工艺相近似的零件组成一个零件族（组），按零件族制定工艺进行加工，从而扩大了批量、减少了品种、便于采用高效方法、提高了劳动生产率。零件的相似性是广义的，在几何形状、尺寸、功能要素、精度、材料等方面的相似性为基本相似性，以基本相似性为基础，在制造、装配、生产、经营、管理等方面所导出的相似性，称为二次相似性或派生相似性。

成组工艺实施的步骤如下。

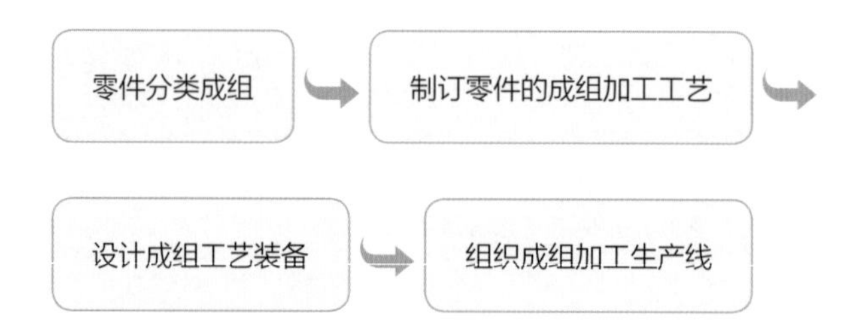

2. 柔性生产技术

柔性生产技术简称柔性制造技术，它以工艺设计为先导，以数控技术为核心，是自动化地完成企业多品种、多批量的加工、制造、装配、检测等过程的先进生产技术。

定制家具中大量地应用了柔性生产技术。如在打孔工序中，传统的板式家具生产为了适应大批量生产的要求会根据系统孔、连接件孔等不同的孔安排使用不同的加工设备、多个工序进行加工。而在定制家具生产中，大多将打孔工序集中采用 CNC 数控钻孔中心来完成。

与传统机械加工方法相比，数控加工具有以下特点。

可以加工具有复杂型面的工件

在数控机床上，所加工零件的形状主要取决于加工程序。非常复杂的工件都能加工。

加工精度高，质量稳定

数控机床本身的精度比普通机床高，一般数控机床的定位精度为 0.01 毫米，重复定位精度为 0.005 毫米；而且在数控机床加工过程中，操作人员并不参与，所以消除了操作者的人为误差，工件的加工精度全部由数控机床保证；又因为数控加工采用工序集中，减少了工件多次装夹对加工精度的影响。基于以上几点，数控加工工件的精度高，尺寸一致性好，质量稳定。

生产率高

数控加工可以有效地减少零件的加工时间和辅助时间。由于数控机床的主轴转速、进给速度快及其快速定位，通过合理选择切削用量，充分发挥刀具的切削性能，可以减少零件的加工时间。此外，数控加工一般采用通用或组合夹具，因此在数控加工前不需划线，而且加工过程中能进行自动换刀，减少了辅助时间。

改善劳动条件

在数控机床上从事加工的操作者，其主要任务是编写程序、输入程序、装卸零件、准备刀具、观测加工状态以及检验零件等，因此劳动强度极大降低。此外，数控机床一般是封闭式加工，既清洁，又安全，使劳动条件得到了改善。

有利于生产管理现代化

因为相同工件所用时间基本一致，所以数控加工可预先估算加工工件所需时间，因此工时和工时费用可以精确估计。这既便于编制生产进度表，又有利于均衡生产和取得更高的预计产量。此外，对数控加工所使用的刀具、夹具可进行规范化管理。以上特点均有利于生产管理的现代化。

3.ERP+CRM 系统

ERP（Enterprise Resource Planning）即企业资源计划。是指建立在信息技术基础上，以系统化的管理思想，为企业决策层及员工提供决策运行手段的管理平台。ERP 系统支持离散型、流程型等混合制造环境，通过融合数据库技术、图形用户界面、第四代查询语言、客户服务器结构、计算机辅助开发工具、可移植的开放系统等对企业资源进行了有效的集成。

CRM 即客户关系管理，是指企业用 CRM 技术来管理与客户之间的关系。通常所指的 CRM，是用计算机自动化分析销售、市场营销、客户服务以及应用等流程的软件系统。它的目标是通过提高客户的价值、满意度、赢利性和忠实度来缩减销售周期和销售成本、增加收入、寻找扩展业务所需的新的市场和渠道。

4.2.2 生产流程的信息化

生产制造环节是家具企业数字化系统中最复杂、最容易出问题的环节。解决这种问题的办法是采用条形码板件识别技术，实现信息化管理。条形码包括一维条形码和二维条形码，其基本原理是用数字编码技术储存信息，用扫描设备进行编码识别。

条形码和条码号是产品信息的载体，条码号是条码的数字形式，与条码具有一致性。在定制家具的生产中，有两个阶段需要用到条形码，即在生产过程中用来记录加工信息的生产标签和物流过程中用到的包装标签。

1. 生产标签

生产标签，即生产文件的一种索引形式，其作用是在生产过程中标识零部件身份。定制家具的特点就是根据客户需求生产使用的家具，导致家具本身的尺寸、造型等特性的差异较大，同一批生产的每一个零部件可能都有自身的形状、尺寸、孔位等多方面信息。

条形码的出现便是为了解决产品种类多，不好识别的问题。将零部件信息进行编码，打印后贴到表面，相当于给每一个零部件都制作了身份证，工人和机器都可以识别。

打印粘贴条形码的过程一般在开料后进行。电子开料锯将板材裁切成为板件后，联机的条形码打印机打印出板件信息条码。然后，工人将条形码粘贴到板件上。而生产信息系统可以监控每一块板件的生产进度，从而对整个订单的精度进行控制。

2. 包装标签

包装标签的作用是在物流运输及安装过程中识别包装信息。包装标签的内容一般会包括订单的编号信息、物流的目的地、包装的编号、产品名称、品牌、时间信息等。

一般在板件分拣的过程中，就需要将标签打印出来，并粘贴在板边，便于人工识别。

4.2.3 生产设备的信息化

信息化生产要求设备能执行信息化指令，并按生产文件要求完成各种加工。新型的全自动电子开料锯、CNC 加工中心等均带有信息化接口。

电子开料锯安装上“信息化执行系统”后，开料锯即根据生产文件要求的规格自动执行锯板操作。操作者只需根据机载显示屏的指示，选择板料的规格、色泽和纹理方向输入电子开料机，开料锯即可自动开料。

CNC 加工中心具有相应的信息化接口，只要与软件相匹配，就可实现各种自动加工。

排钻改造后也能实现数控，能按数码文件的指令要求对孔位、孔径、孔深进行钻孔。

封边机也能按指令选择封边条的色泽与厚度。

定制家具单品设计案例

柜体类产品：

橱柜 衣柜 书柜 酒柜 鞋柜 电视柜 装饰柜

家具类产品：

沙发 餐桌椅 床 书桌 座椅 茶几

装饰类产品：

电视墙 屏风隔断 壁架

5.1 柜体类产品

柜体类产品属于定制家具的核心产品。其设计样式与传统的板式家具相比，可根据客户的具体要求进行个性化设计，更符合现代人的居住需要。随着定制家具工艺的不断进步，其设计美观度也在不断提升，设计样式在丰富度上已经可以和传统的成品家具媲美。

在国内最早出现的定制家具是橱柜，随着定制橱柜的普及，定制衣柜、鞋柜、电视柜、书柜等也慢慢发展起来，最后发展到定制沙发、餐桌椅、床以及书桌等。一些大的定制家具企业，也将布艺织物，如窗帘、抱枕等软装囊括在了其中。

5.1.1 橱柜

橱柜主要由门板、柜体、台面、五金配件以及电器五大部分组成，分为储藏、洗涤、备菜、烹饪四个功能区域。

1. 橱柜基本尺寸

吊柜的一般尺寸为深 350 毫米、高 700 毫米，宽为门板 450 毫米的比例最美观，地柜的一般尺寸为柜体含门板深 580 毫米、高 700 毫米，加 100 毫米高的地脚、45 毫米厚的台面组成，高柜的一般尺寸为宽 600 毫米、深 580 毫米、高 2.1 米。

2. 橱柜常见图纸

常见的图纸有为一字型、L 型、U 型、T 字型以及岛台型。对于不规则的厨房空间，还可根据厨房的形状定制异型橱柜。

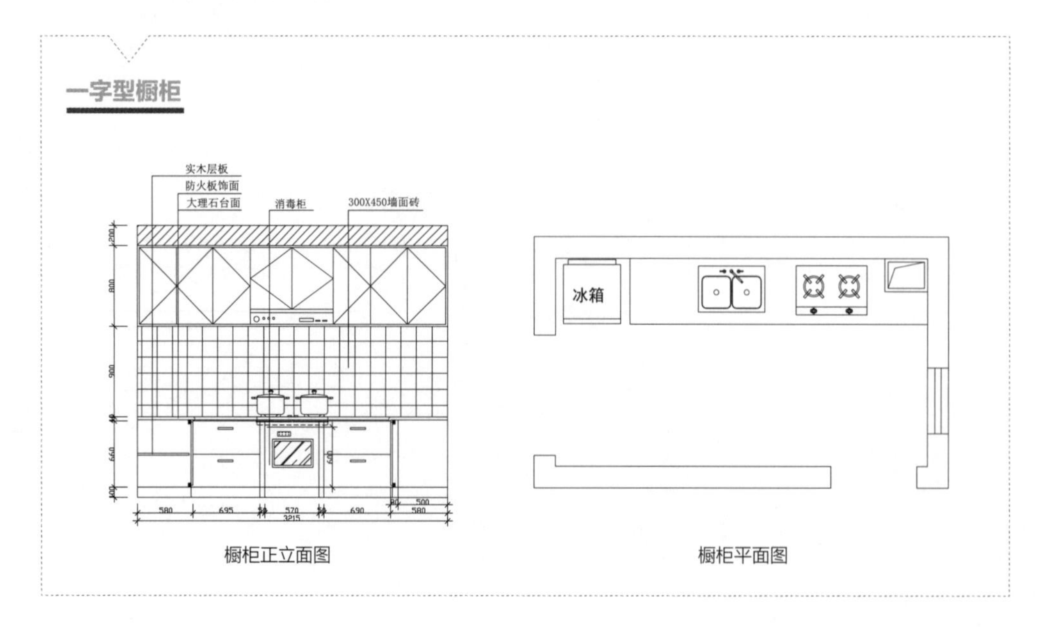

橱柜正立面图　　橱柜平面图

L 型橱柜

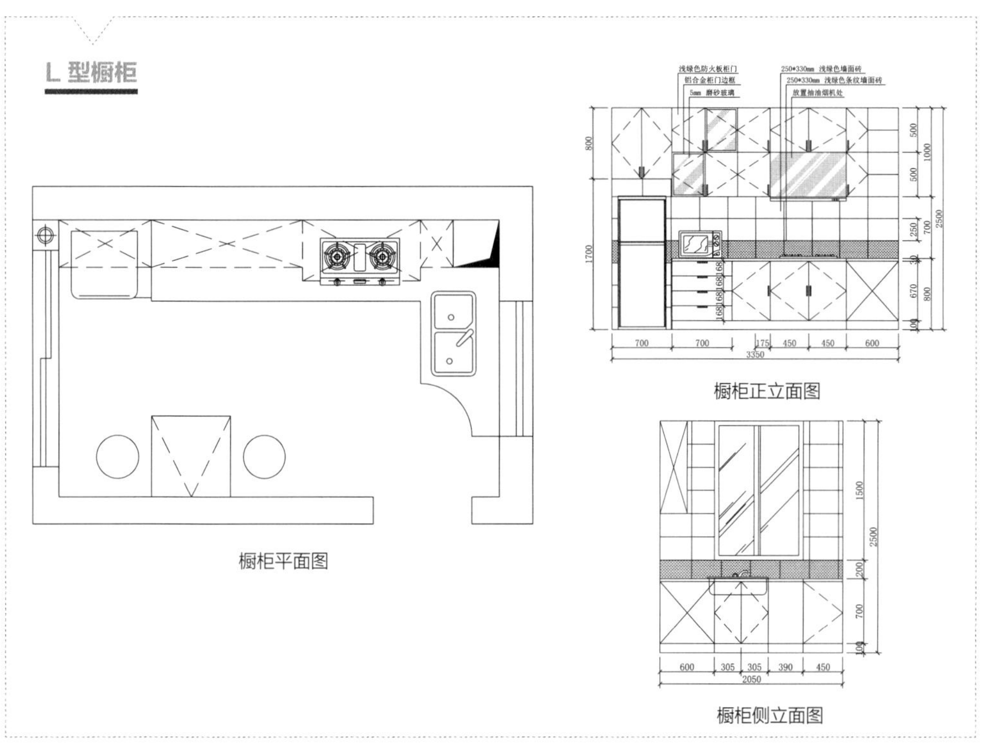

橱柜平面图

橱柜正立面图

橱柜侧立面图

U 型橱柜

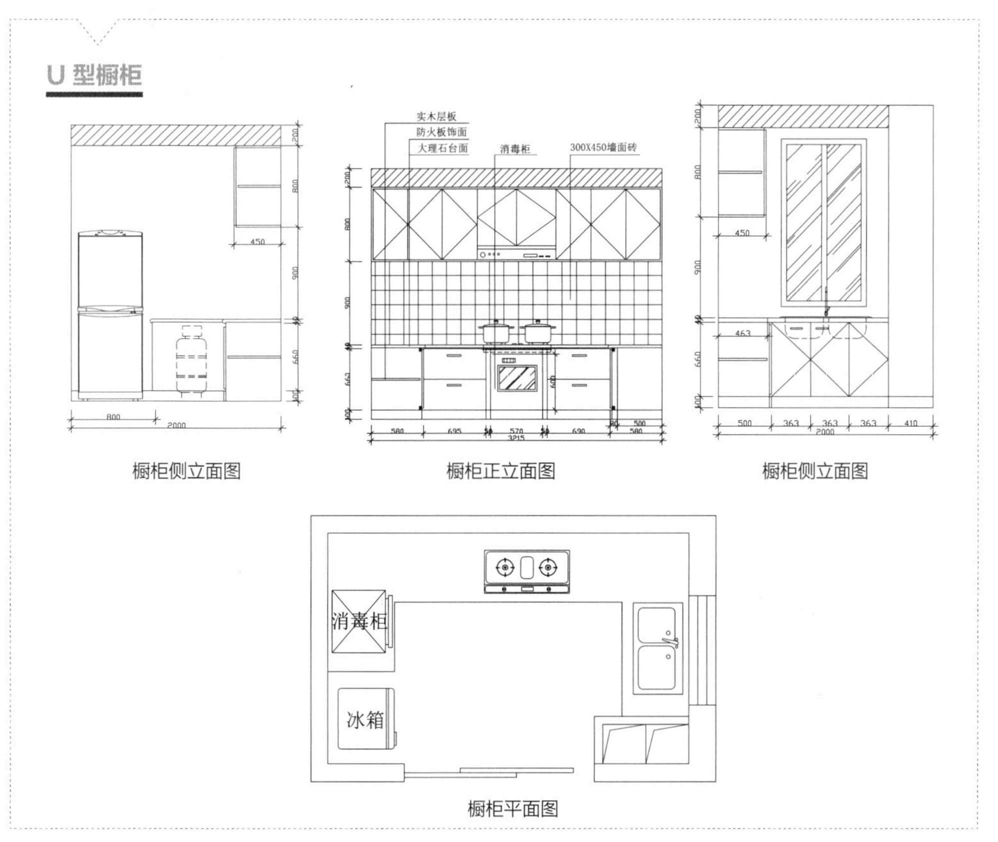

橱柜侧立面图

橱柜正立面图

橱柜侧立面图

橱柜平面图

3. 橱柜常见设计产品

定制橱柜的结构设计比较固定，分为地柜和吊柜。但在设计样式上有许多的变化，根据所使用的材料，可以呈现出不同的质感。常见的定制橱柜材质有实木、烤漆、有机玻璃、三聚氰胺板以及不锈钢等。

黑色烤漆橱柜	三聚氰胺板橱柜	岛台橱柜

材料：黑色烤漆板、黑色人造石台面	材料：枫木饰面、暗藏不锈钢拉手、纯白人造石台面	材料：比萨灰大理石台面、黑漆亚光板、实木隔板、实木台面
西式橱柜	简欧整体橱柜	白色简约橱柜

材料：灰色亚光板、柚木饰面、不锈钢门板边框、灰色防火板台面	材料：白色三聚氰胺板、黑灰网大理石台面、浅啡网大理石台面、外露不锈钢拉手	材料：白色模压板、纯白人造石台面、清玻璃墙背板

白漆实木橱柜

设计建议：

实木橱柜的质感好，雕刻纹理真实自然，善于营造高贵奢华的设计感。涂刷油漆后，不仅增加美观度，同时可起到保护板面的作用。

设计建议：

设计有机玻璃的橱柜，四周边框需采用不锈钢包边，一是保护玻璃不受损坏，二是防止使用过程中划伤手指。玻璃材质的橱柜有清洁方便、好打理的特点。

清波不锈钢包边橱柜

5.1.2 衣柜

定制衣柜由于可量身定做，而且环保、时尚、专业等特点，越来越受到消费者的青睐，在每十户的装修业主中，就有七户会采用定制衣柜。定制衣柜最大的优势就是能充分合理地利用有效的空间，使设计更人性化。它可以根据消费者的需求任意设计，或者抽屉多，或者多隔板，这些优点使它的整体性、随意性更高。

1. 衣柜基材选择

量身定做的整体衣柜多采用的是环保 E0 级板材，包括实木颗粒板、禾香板、密度板、细木工板、实木板等，经过工厂开料、封边、排孔、组装而成，拒绝采用含甲醇较高的胶水和油漆。

2. 衣柜常见尺寸

以到顶衣柜为例，一般下柜 2.1 米，其余的全归上柜；裤架空间应保留 650 毫米，如果使用衣架挂，至少保留 700 毫米；层板和层板间距在 400~600 毫米；衣柜深度在 530~620 毫米；柜体踢脚线一般比墙面踢脚线高 5 毫米，在未知墙面踢脚线高度时，一般设计为 100 毫米。

3. 衣柜常见图纸

衣柜分普通式衣柜和衣帽间两种。普通式衣柜图纸有入墙式、一字型和转角衣柜等；衣帽间图纸则有 U 字型、L 型等。

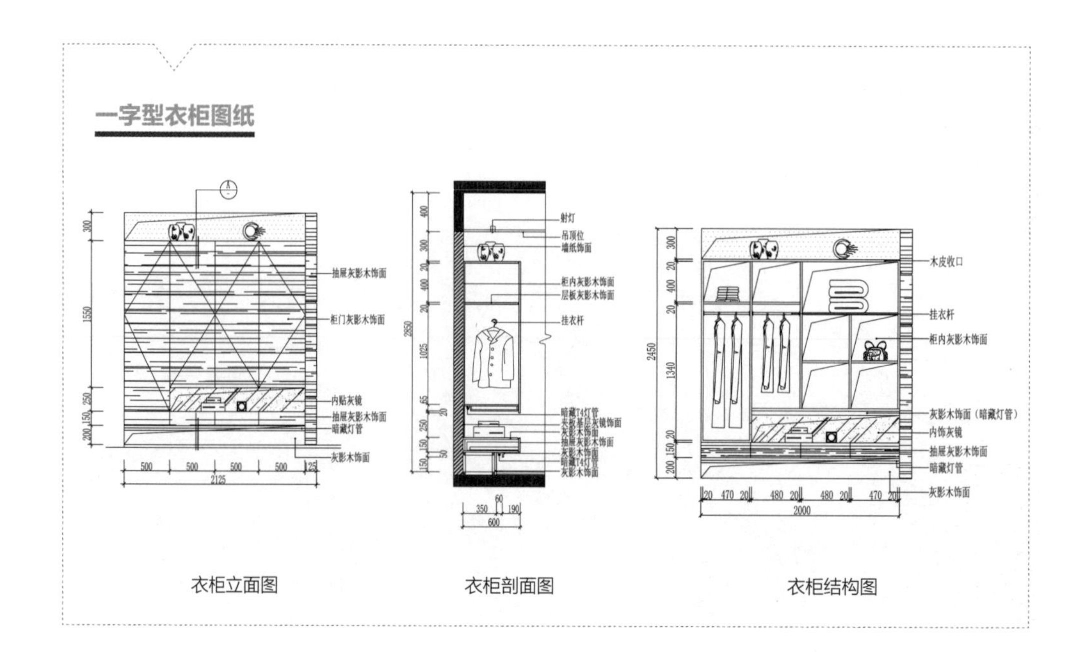

衣柜立面图　　衣柜剖面图　　衣柜结构图

内嵌电视衣柜图纸

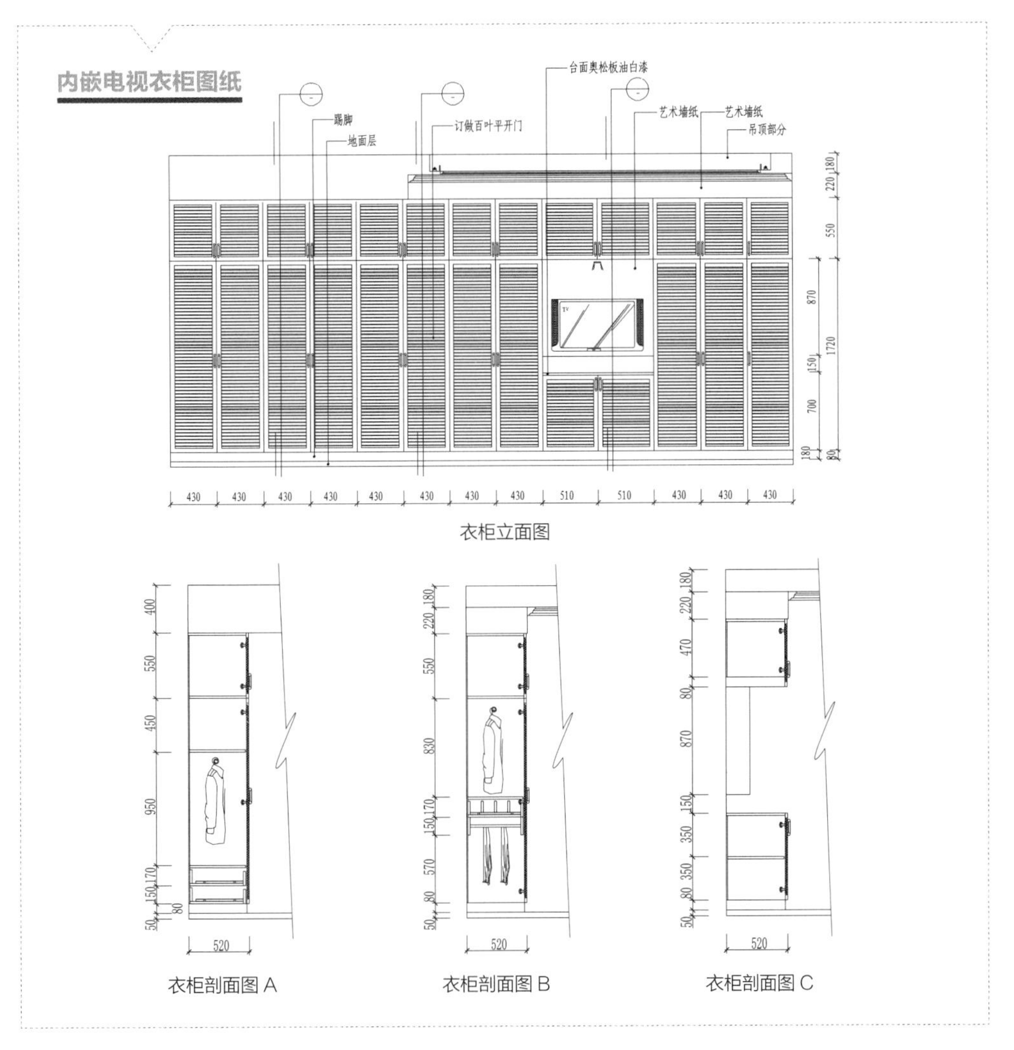

衣柜立面图

衣柜剖面图 A　　衣柜剖面图 B　　衣柜剖面图 C

门侧衣柜图纸

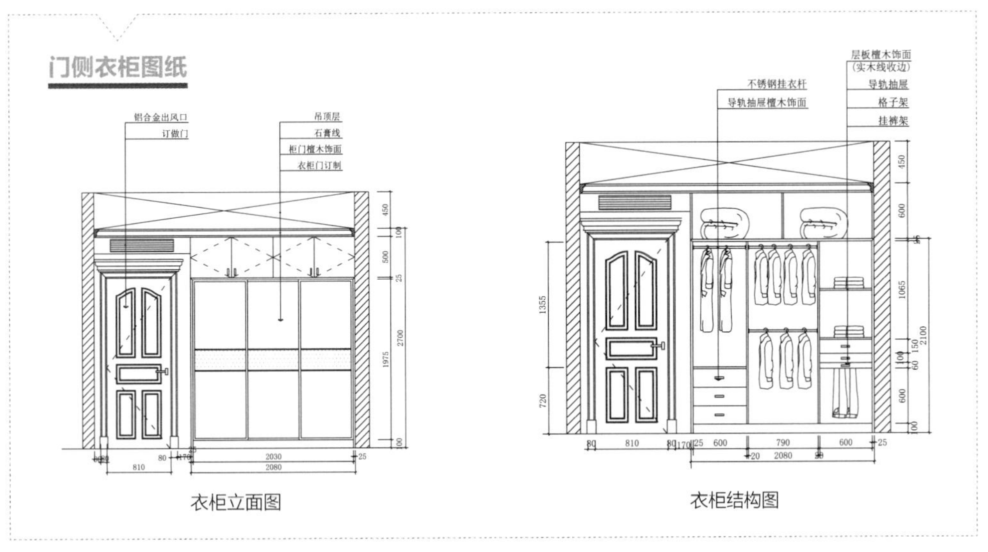

衣柜立面图　　衣柜结构图

暗藏式衣帽间图纸

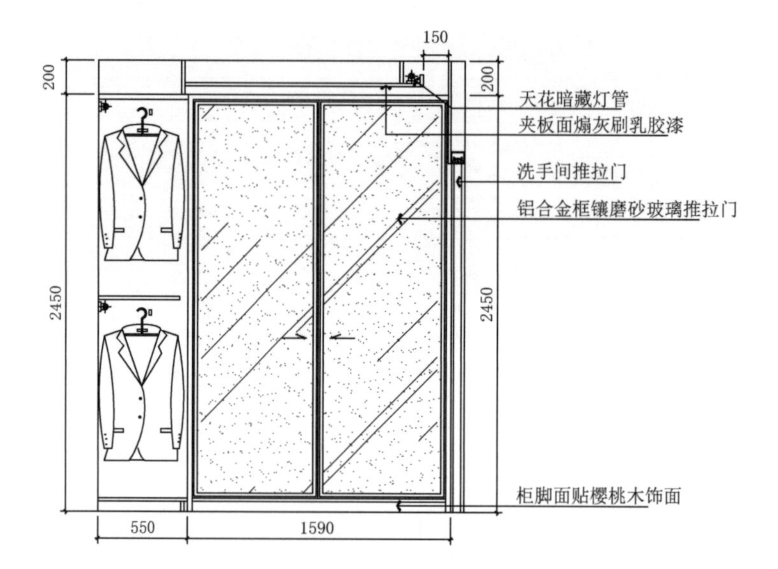

衣帽间立面图

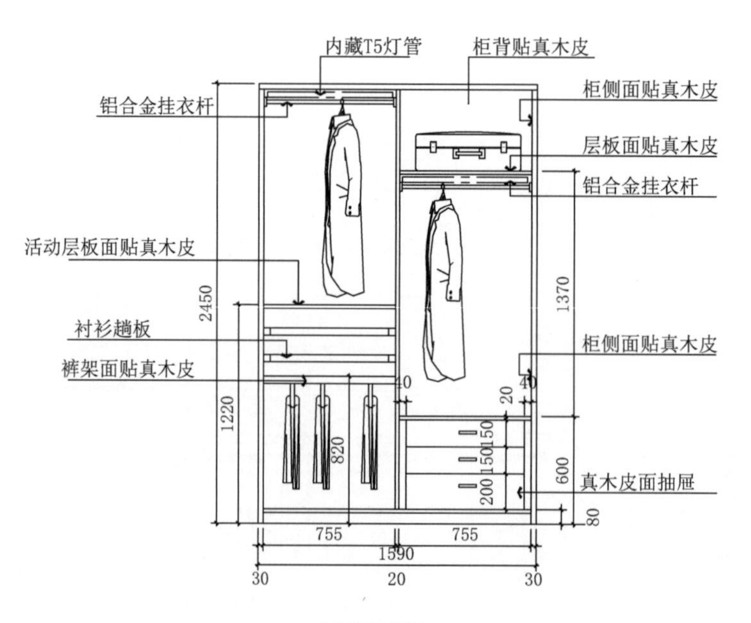

衣帽间结构图

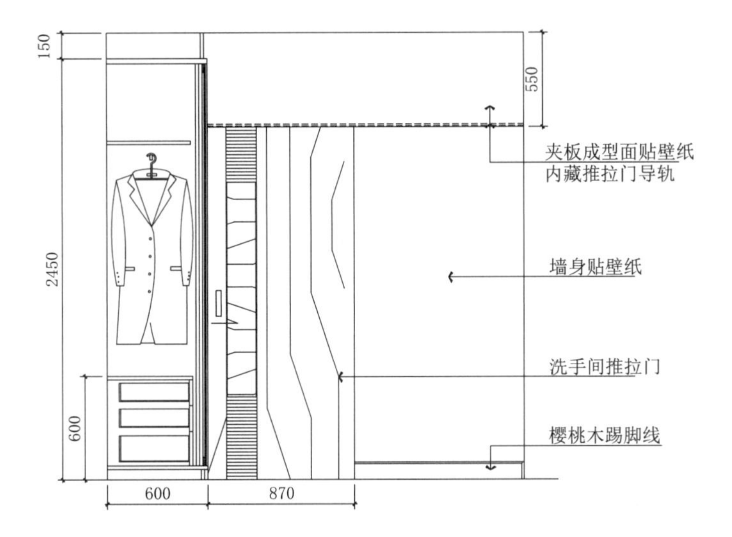

衣帽间剖面图

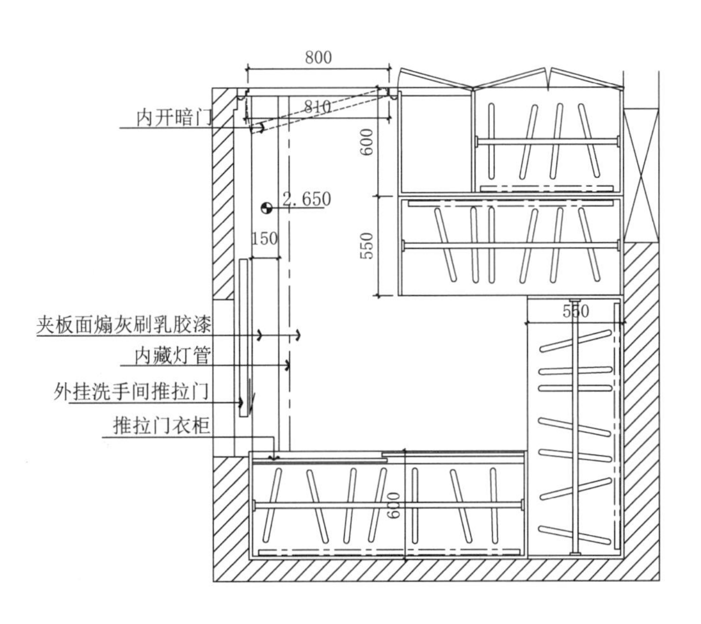

衣柜结构图

4. 衣柜常见设计产品

定制衣柜的设计样式的变化，主要取决于板材的饰面纹理、色彩与衣柜的门板设计。其中，门板有软包、布艺、印花玻璃等样式，极大地丰富了定制衣柜的设计，给消费者提供更多的选择。

黑玻移门柜

设计建议：

玻璃移门的衣柜适合设计在小面积的卧室，但玻璃的反光效果不宜太高，采用黑色材质可降低移门的反射程度。

实木衣帽间

设计建议：

实木板设计的衣帽间，纹理自然，质感强烈，有高贵奢华的设计感。在柜内设计暗藏灯带，能营造出丰富的光影变化。

5.1.3 书柜

书柜是专门用来存放书籍、报刊、杂志等书物的柜子，常摆放在客厅、书房以及卧室等空间。定制书柜则可根据具体摆放的空间量身定制，包括内部结构、层板数量、柜门样式等，可根据消费者的个人喜好进行选择。

1. 书柜常见尺寸

书柜没有一个统一的标准尺寸。一般来说，书柜高度在 1.2 米 ~2.1 米之间为宜，拿取书籍方便；书柜深度尺寸设计在 280~350 毫米之间，层板高度尺寸则在 280~300 毫米之间；书柜抽屉的高度尺寸通常在 200~350 毫米之间。

两门书柜宽度尺寸在 500~650 毫米之间，三门或者四门书柜则扩大到 1/2 到 1 倍的宽度不等。一些特殊的转角书柜和大型书柜尺寸宽度可以达到 1~2 米。

2. 书柜常见图纸

根据消费者的个性化需求，书柜设计图纸有墙体隔板式、嵌入墙体式、独立式和柜体隔板结合式等。其中，柜体隔板结合式书柜，上面可以摆放书籍，下面则可用于收纳，实用性较高。

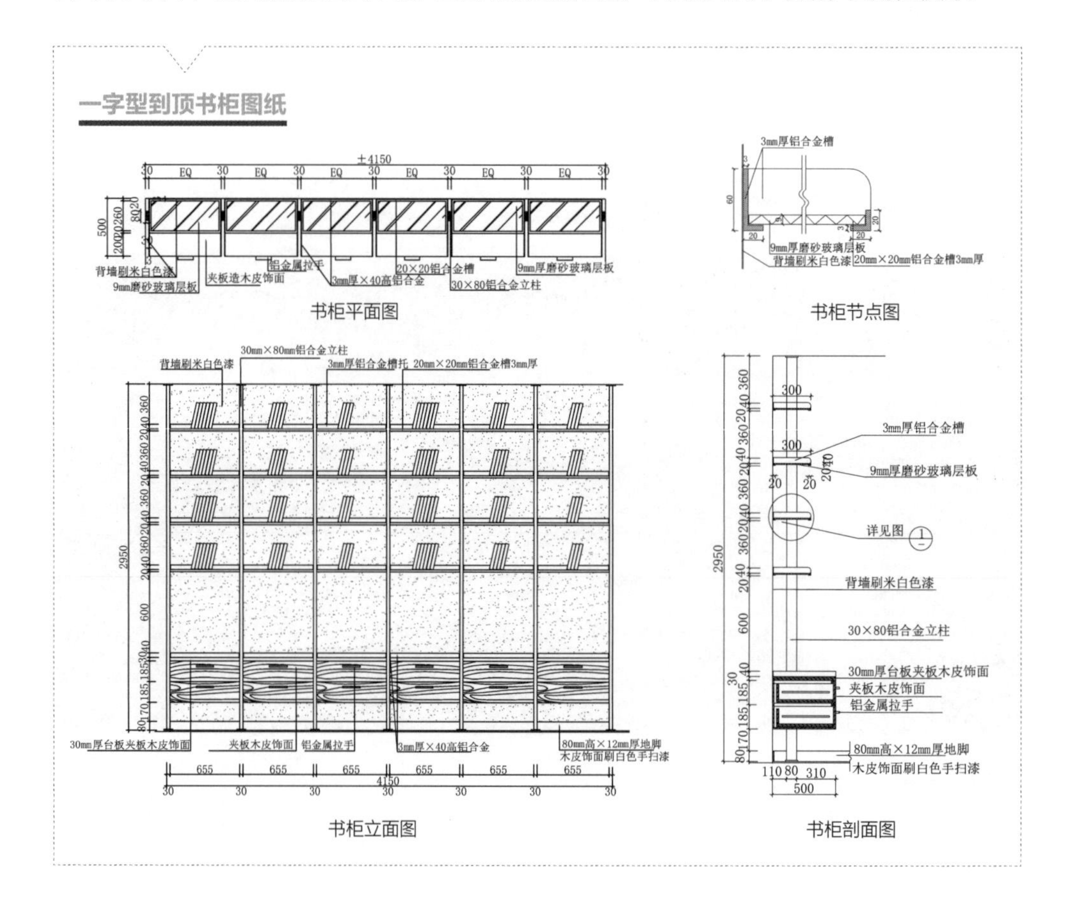

书柜平面图

书柜节点图

书柜立面图

书柜剖面图

下柜上隔板式书柜

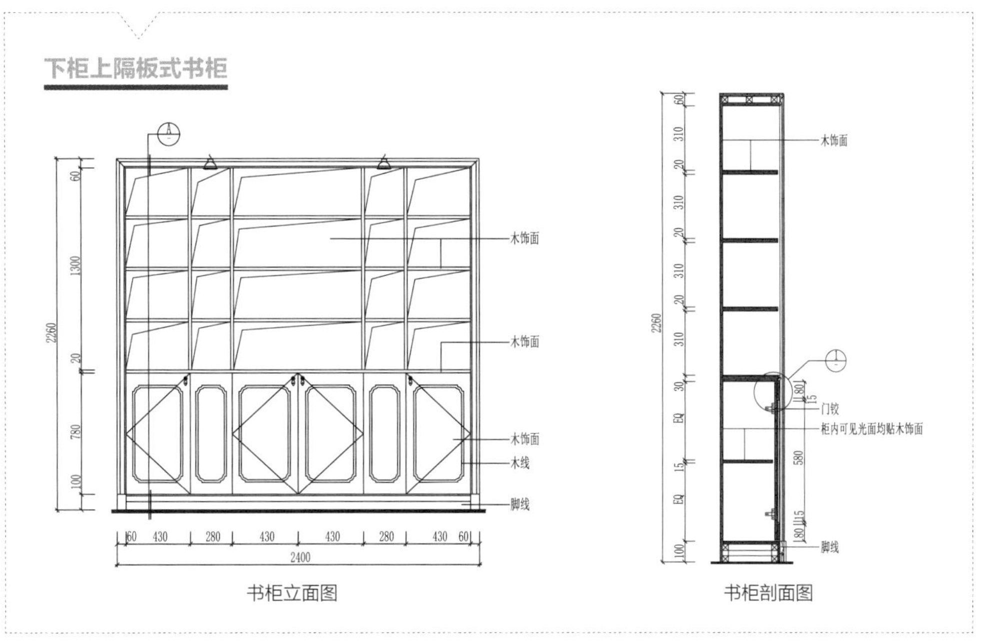

书柜立面图　　书柜剖面图

书桌一体式书柜

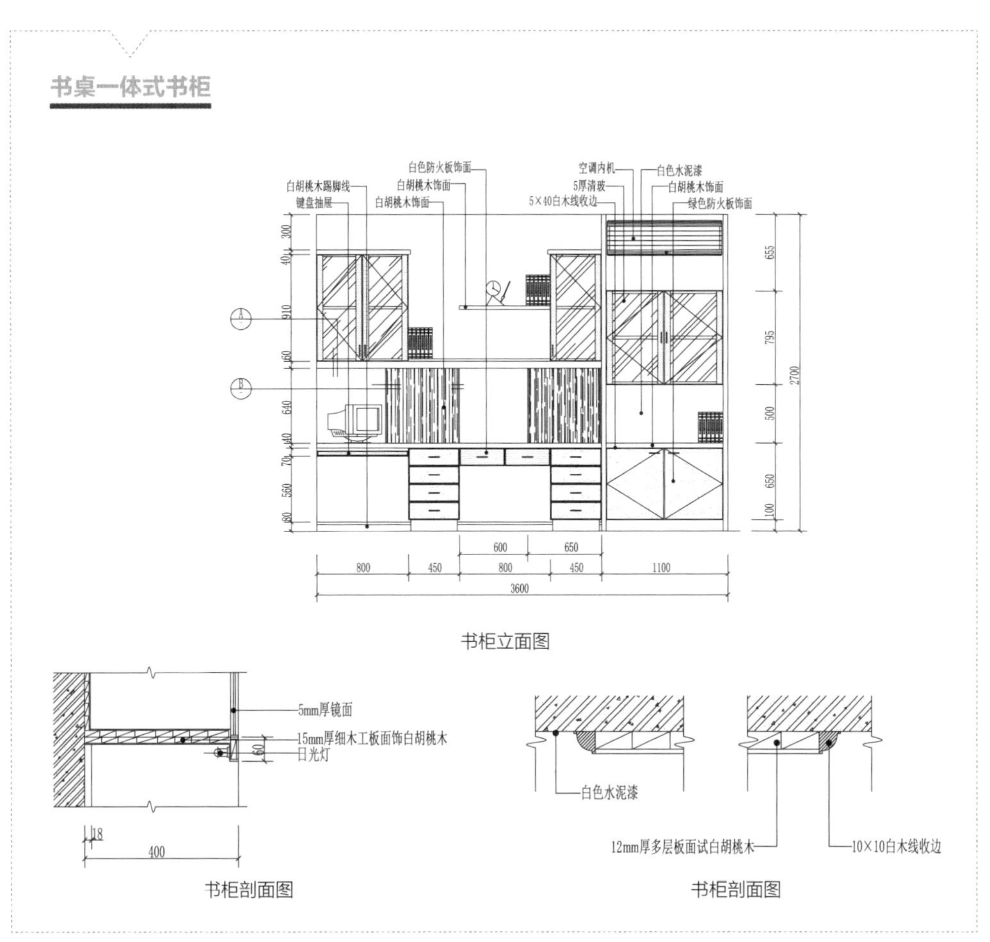

书柜立面图

书柜剖面图　　书柜剖面图

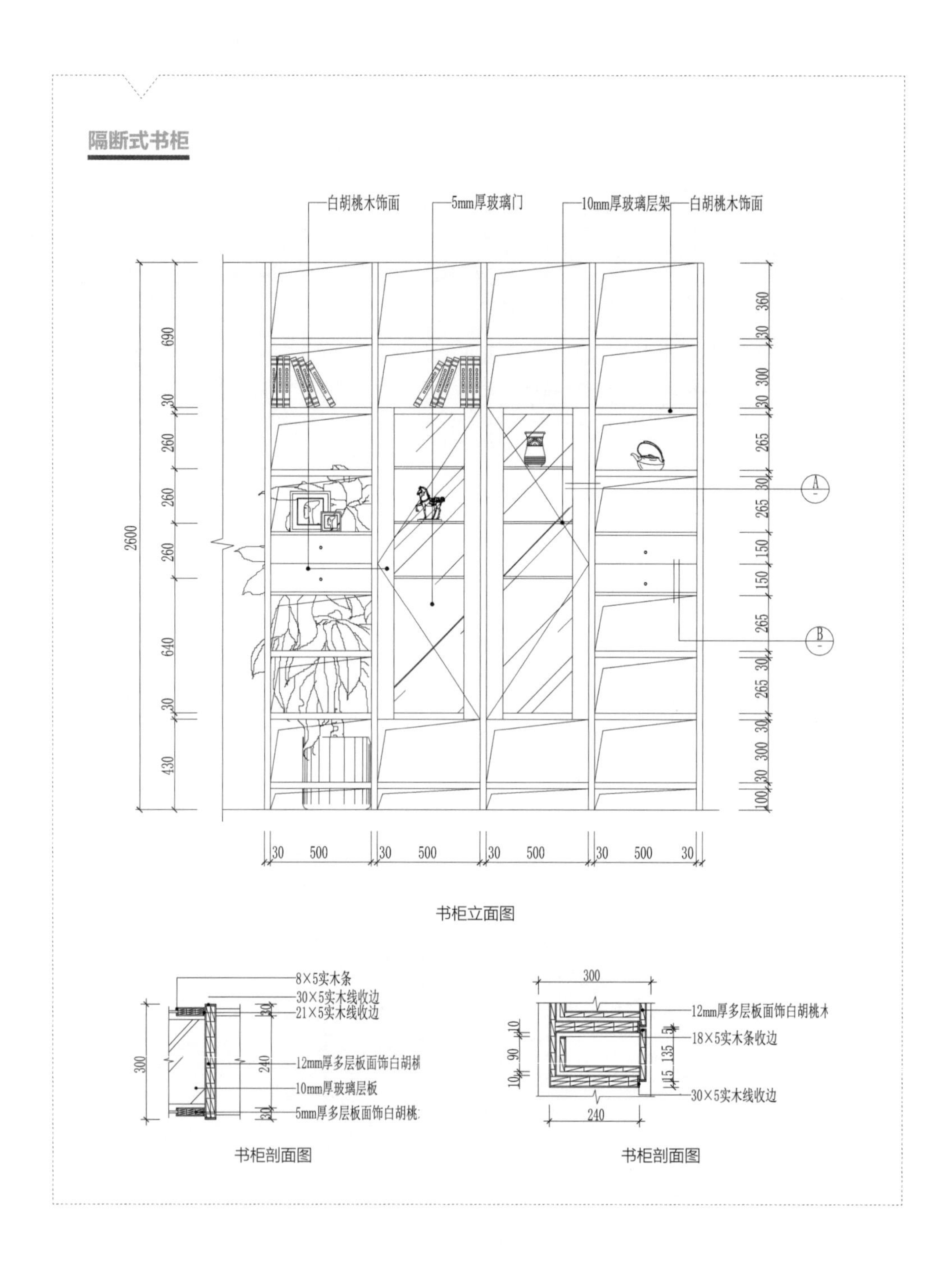

3. 书柜常见设计产品

书柜的设计样式、材质搭配，并不受空间大小、形状的局限，无论面对怎样的空间，定制书柜都可设计出令消费者心仪的样式。对于定制书柜，其材料上继承了板式家具常用的材料，但在设计上却有很大突破。

现代风书柜	卡图书柜	新主题 MOTIF 书柜
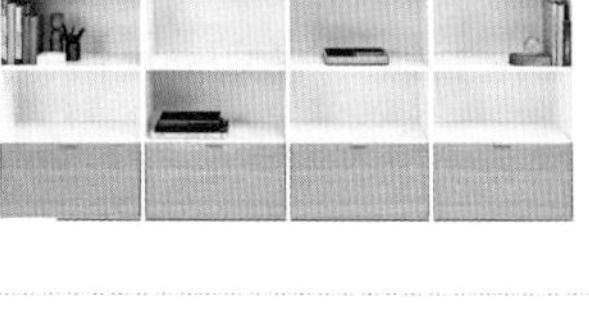		
材料：白色亚光混油、橡木实木饰面	材料：胡桃木皮、进口橡木、实木纤维板	材料：黑色烤漆板、白色模压板、胡桃木饰面
拼装书柜	**简约对层板书柜**	**嵌入式书柜**

材料：水曲柳饰面、密度板	材料：柚木饰面、不锈钢拉手、白色模压板	材料：咖色白橡贴面、黑油玻璃
传统工艺书柜	**方格书柜**	**实木榫卯书柜**

材料：胡桃木饰面、密度板	材料、水曲柳木饰面、白色烤漆板	材料：榆木

隔断式书柜

设计建议：
此类型书柜注重装饰功能，需保留若隐若现的通透性，又不可太通透。在固定方面，需顶、墙、地三面固定，才能保证书柜的安全性。

设计建议：
此类型的书柜在设计之初，需掌握电视墙的整体设计细节，然后辅助性地设计书柜，使其尺寸、样式均能嵌入在电视墙内。

电视墙结合书柜

5.1.4 酒柜

酒柜是指专用于酒类储存及展示的柜子。具有恒温、恒湿、避光、防震动等功能，使酒类不易受外界温度及湿度影响，保证酒不会因氧化而变质。

1. 酒柜常见尺寸

酒柜通常包含了两个部分，一部分是底柜，尺寸高度在 600 毫米左右，厚度在 500 毫米左右，上柜的尺寸高度不超过 2 米，厚度不超过 350 毫米。如果设计吧台，吧台的高度尺寸在 1~1.2 米之间。为了方便拿取酒，酒柜和吧台之间的距离通常在 900 毫米左右。

2. 酒柜常见图纸

完整的酒柜由带有开合门的地柜和带有酒格的层板组成。定制酒柜的图纸设计以欧式样式为多，其次是现代样式。

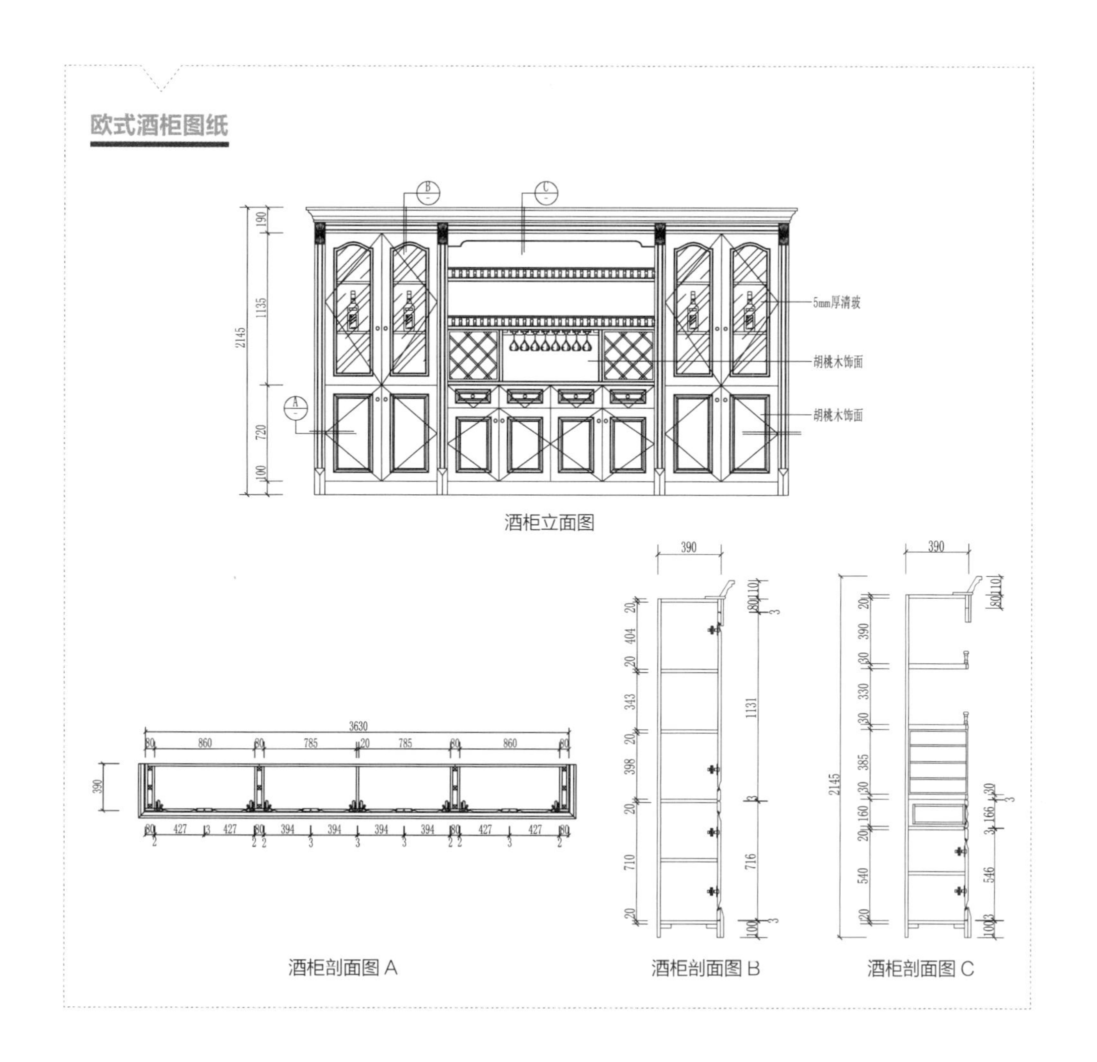

酒柜立面图

酒柜剖面图 A

酒柜剖面图 B

酒柜剖面图 C

现代酒柜图纸

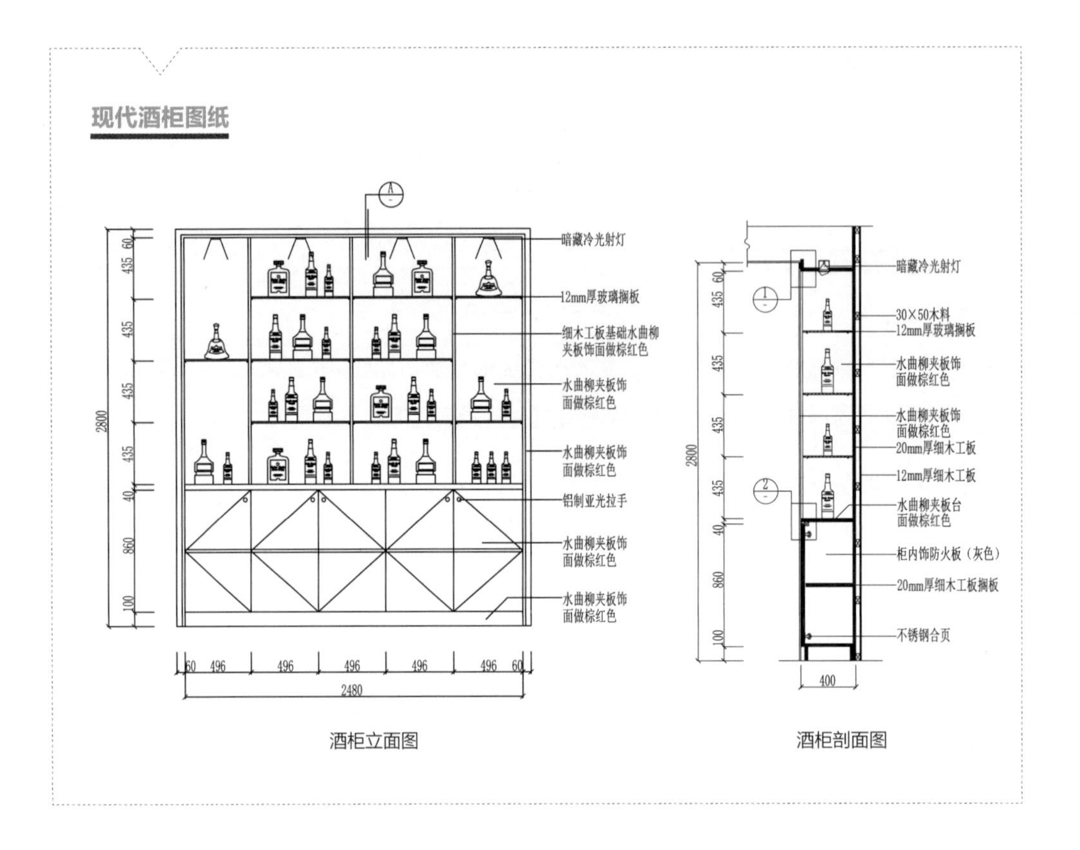

酒柜立面图　　酒柜剖面图

小型酒柜图纸

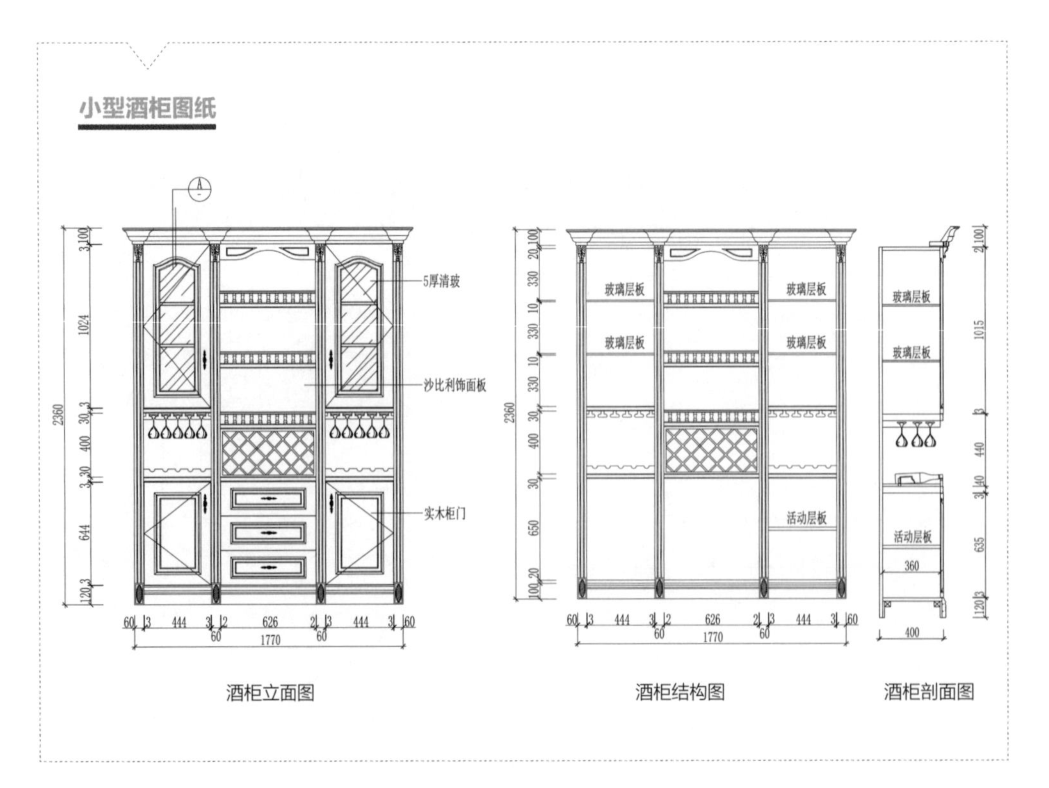

酒柜立面图　　酒柜结构图　　酒柜剖面图

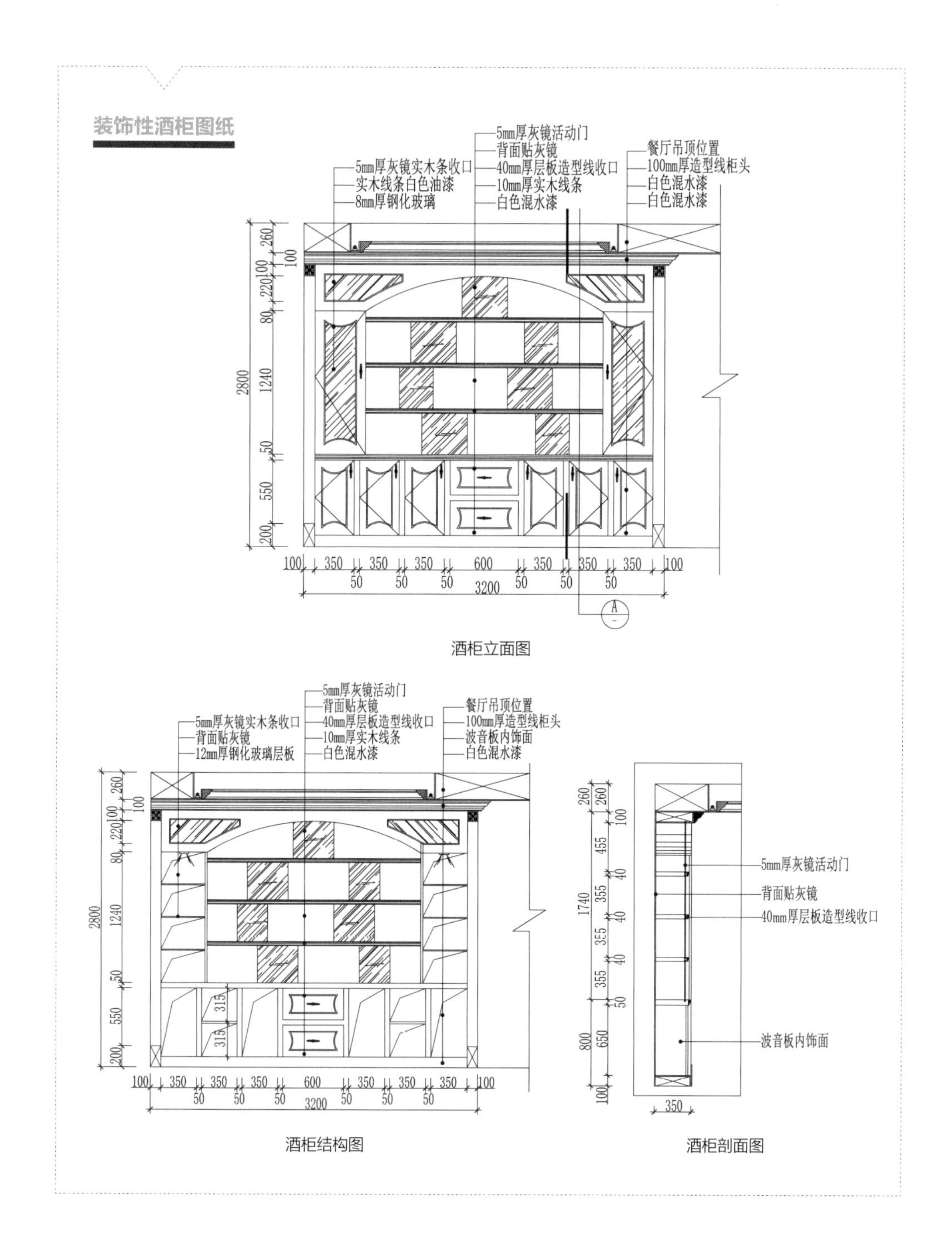

酒柜立面图

酒柜结构图

酒柜剖面图

3. 酒柜常见设计产品

定制酒柜的设计样式丰富，材料运用大胆、有新意，常采用玻璃、实木等材质，以突出酒柜的高贵感。定制酒柜的样式设计，不仅专注在实用性方面，更注重酒柜的装饰作用。因此，好的定制酒柜，往往是家居空间内必不可少的装饰品。

新中式酒柜

材料：非洲黑檀木

现代简约酒柜

材料：中密度纤维板、红橡木皮、白腊、白橡科技木皮

精品酒展示柜

材料：黑胡桃、清玻璃

印花装饰酒柜

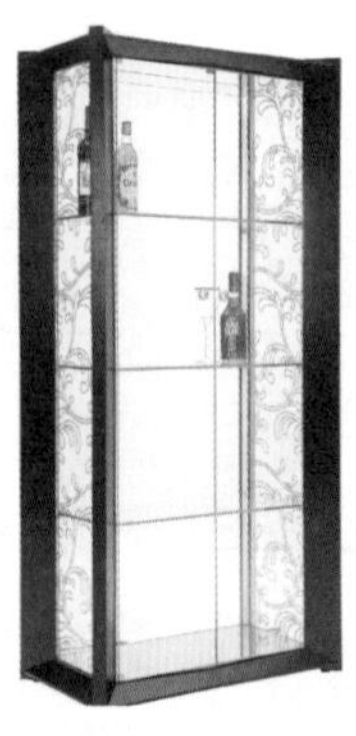

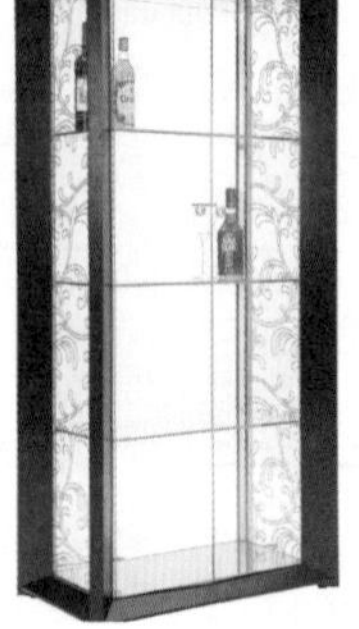

材料：印花玻璃、清玻璃、橡木皮

红酒展示柜

材料：黑色木饰面、密度板

北欧风酒柜

材料：白枫木饰面、实木颗粒板

现代造型酒柜

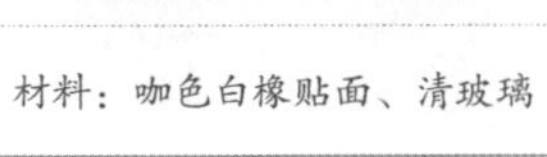

材料：咖色白橡贴面、清玻璃

清漆实木酒柜

材料；做旧实木、清玻璃

多功能酒柜

材料：胡桃木、马鞍皮

背景墙结合式酒柜

设计建议：

当酒柜充当一部分背景墙功能时，需注重酒柜的装饰性设计，而非酒柜的储酒量。因此，可在酒柜内设计暗藏灯提升装饰美感。

设计建议：

斜插式酒柜可更好地展示精品藏酒，如红酒等，也能有效地减少酒柜的进深，保留室内空间面积。

斜插式不锈钢酒柜

5.1.5 鞋柜

鞋柜的主要用途是来陈列闲置的鞋。定制鞋柜涵盖的种类很多，包括可移动式的鞋柜、嵌入式鞋柜和玄关鞋柜等。

1. 鞋柜常见尺寸

一般鞋柜尺寸高度不要超过 800 毫米，深度在 300~400 毫米之间，在深度不够的情况下，深度不能小于 250 毫米，且鞋板需设计出一定的倾斜角度。若存放鞋盒，则深度需保持在 380~400 毫米之间。

2. 鞋柜常见图纸

鞋柜图纸设计，重点在内部结构，即鞋柜深度、透气孔设计以及置鞋架分布等。设计时，需全面考虑鞋柜的摆放位置，嵌入墙面则缩减鞋柜深度，放置在玄关则需扩大鞋柜等功能等。

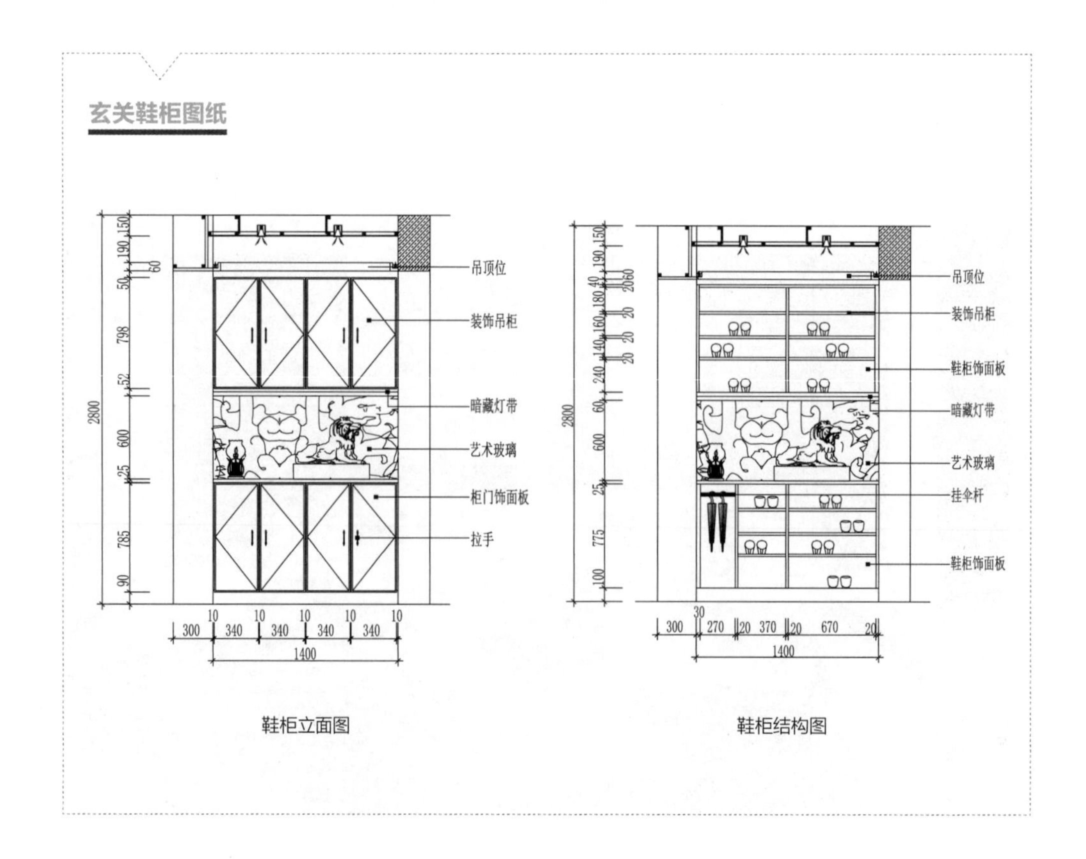

鞋柜立面图　　鞋柜结构图

倾斜式鞋柜图纸

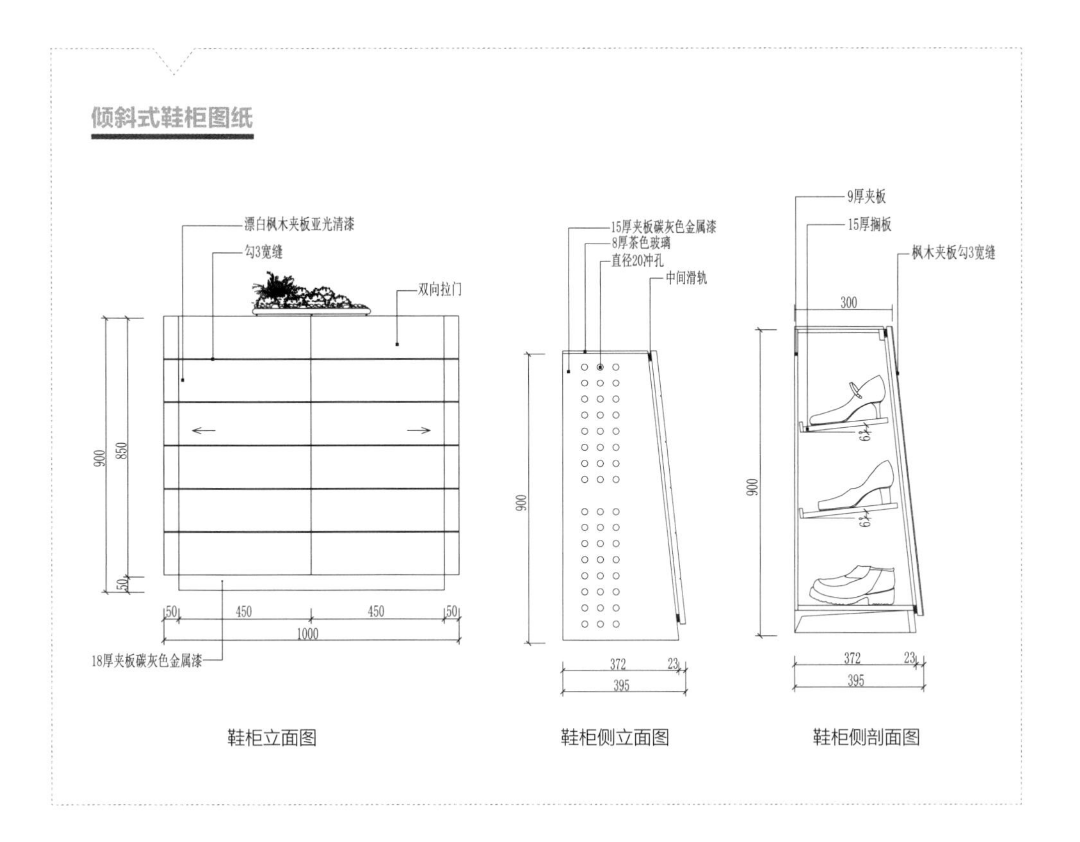

鞋柜立面图　　鞋柜侧立面图　　鞋柜侧剖面图

常规鞋柜图纸

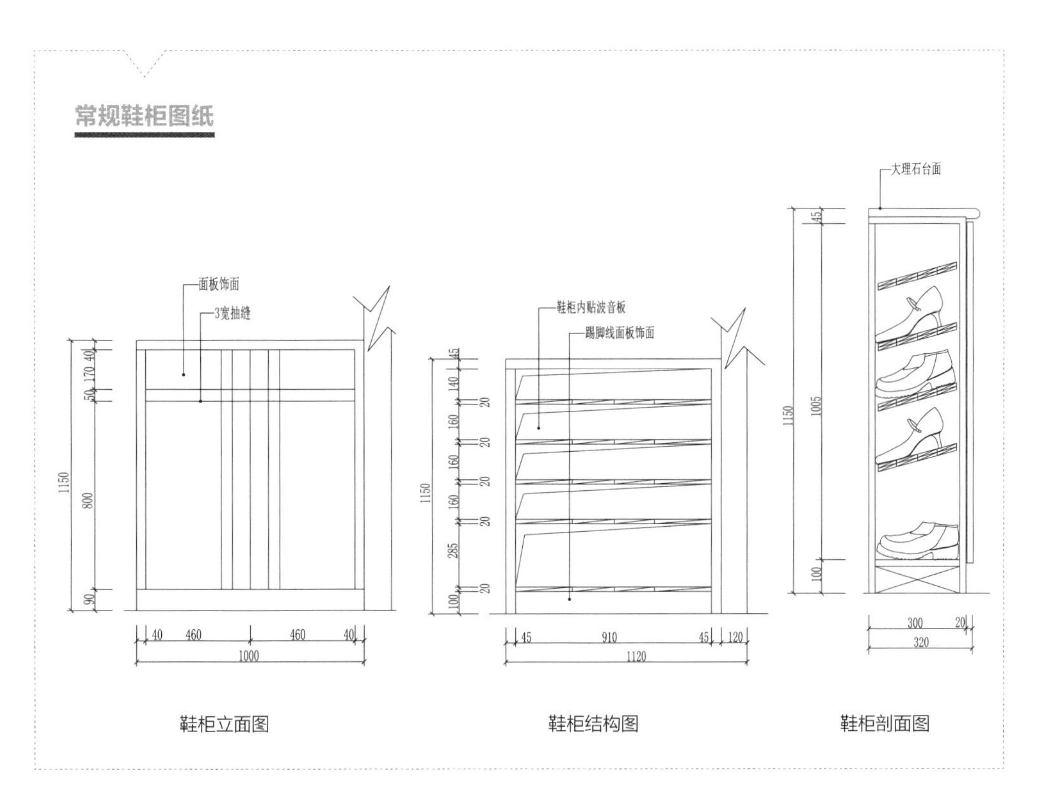

鞋柜立面图　　鞋柜结构图　　鞋柜剖面图

带柜脚鞋柜图纸

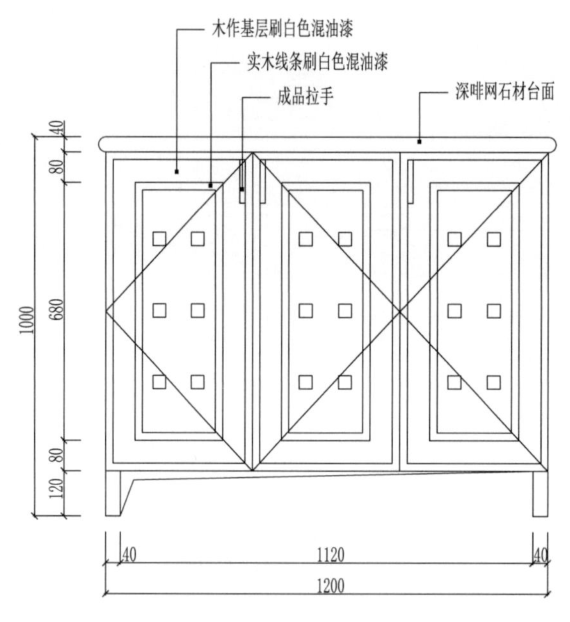

酒柜立面图

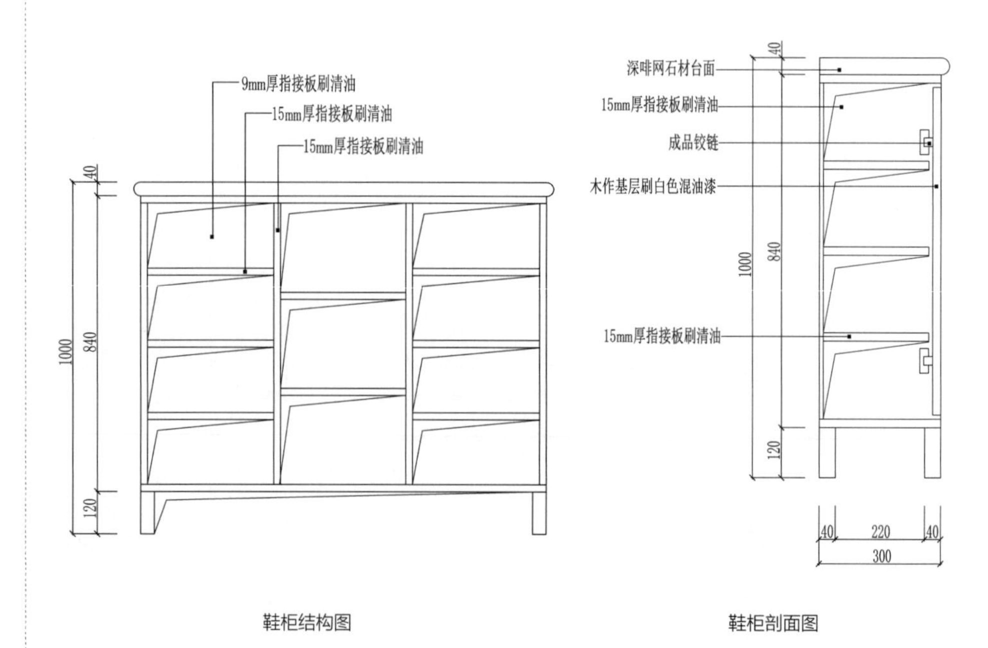

鞋柜结构图

鞋柜剖面图

3. 鞋柜常见设计产品

定制鞋柜的设计，需考虑到空间的设计风格、摆放位置的空间结构。定制鞋柜一般没有精致的细节设计，却有着舒适合理的结构，实用性较强。

换鞋凳鞋柜	装饰鞋柜	玄关鞋柜
材料：枫木、布艺软垫	材料：布艺软垫、人造木纹板	材料：银镜、皮纹革、绒布软垫、金属挂钩、檀木饰面
经典两用式鞋柜	**简约风鞋柜**	**时尚灰鞋柜**
材料：红木饰面、实木颗粒板	材料：黑檀木饰面、细木工板	材料：模压板、开孔漆、黑纱金属
现代风鞋柜	**挂墙式鞋柜**	**北欧风鞋柜**
材料：水曲柳木饰面、实木颗粒板	材料：橡木饰面、密度板	材料：白枫木饰面、白色模压板

嵌入式鞋柜

≪

设计建议：

内嵌式鞋柜的深度，不可超出墙体的厚度。因此，置鞋架需设计为斜插式的。鞋柜设计百叶门，可增加内部透气性。

玄关鞋柜

≪

设计建议：

玄关鞋柜的作用应包括存放鞋、常用衣服以及置物架等功能。

5.1.6 电视柜

电视柜的主要作用是收纳和摆放电视、机顶盒、DVD、音响设备、碟片等产品，同时兼顾摆放装饰品，起到装饰作用。

1. 电视柜常见尺寸

一般电视柜比电视长 2/3，高度在 400~600 毫米之间，进深在 400~550 毫米之间。

2. 电视柜常见图纸

由于现代装修设计，电视都是悬挂在墙面中，致使电视柜失去了传统的摆放电视功能。因此，电视柜图纸设计，更应重视其装饰作用，注重外形的设计美感，小巧而精致。

现代风电视柜图纸

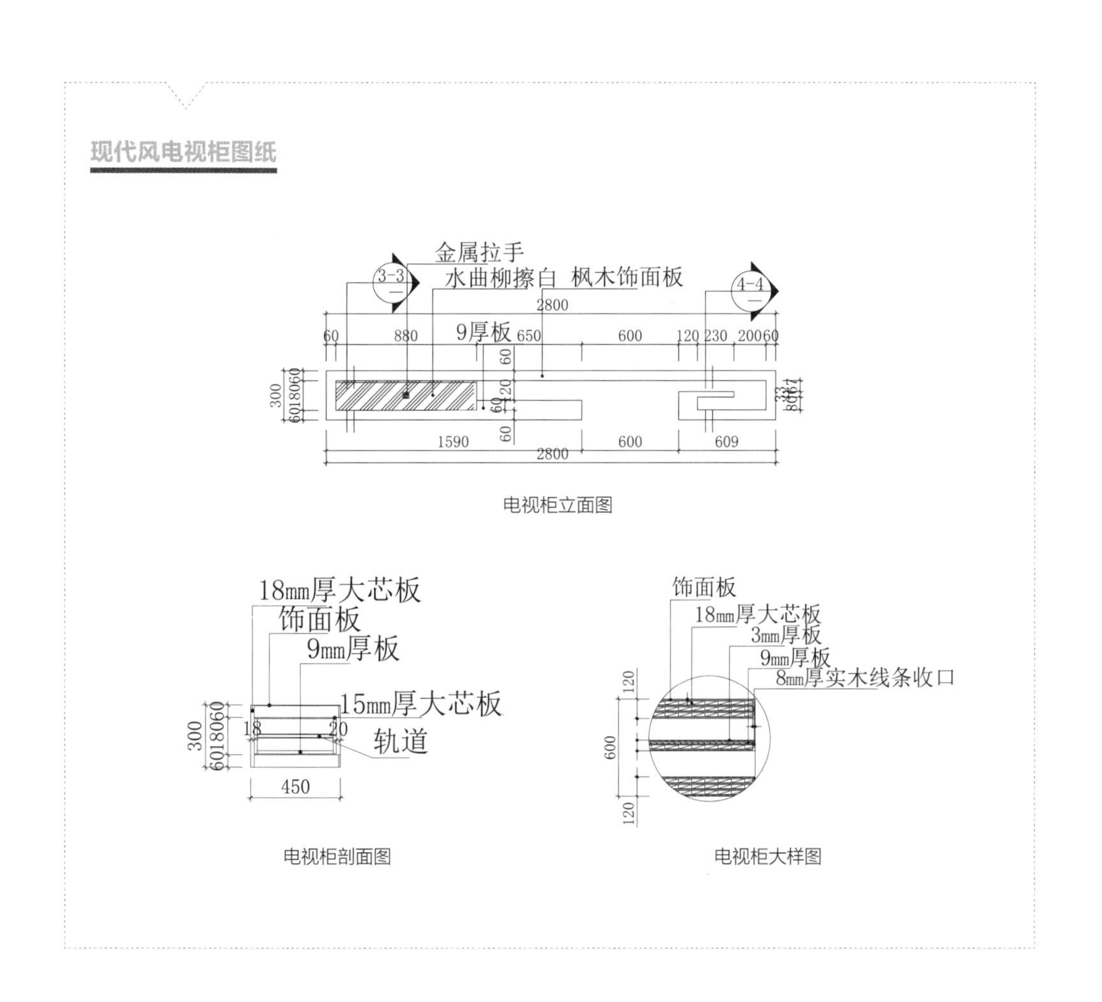

中式风电视柜图纸

490
460 465 870 465 460
410 1900 410
实木线条亚光清漆
实木线条亚光清漆
旧米黄石材
胡桃木夹板

电视柜立面图

旧米黄石材
实木线条
亚光清漆
铜质拉手
18mm厚夹板基层
胡桃木夹板
亚光清漆
490
200 250
450
胡桃木夹板
亚光清漆

电视柜剖面图

欧式风电视柜图纸

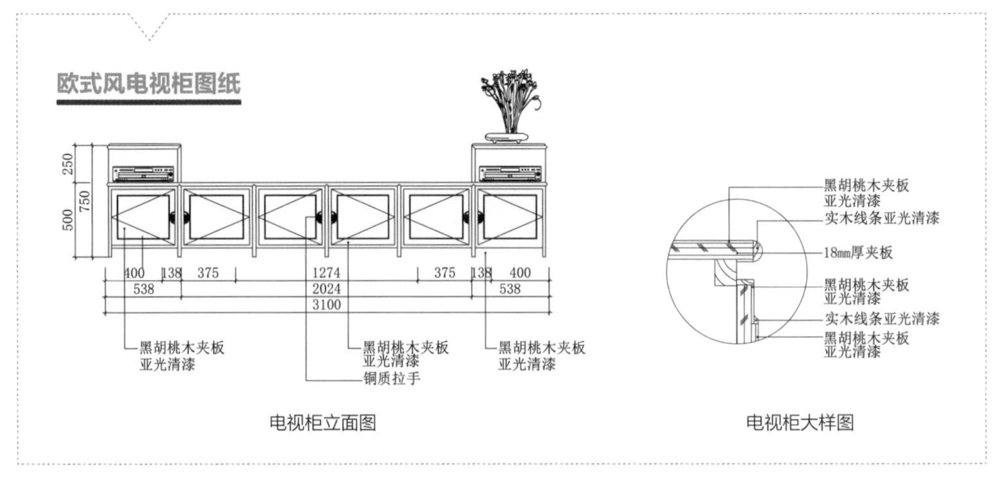

电视柜立面图

电视柜大样图

传统电视柜图纸

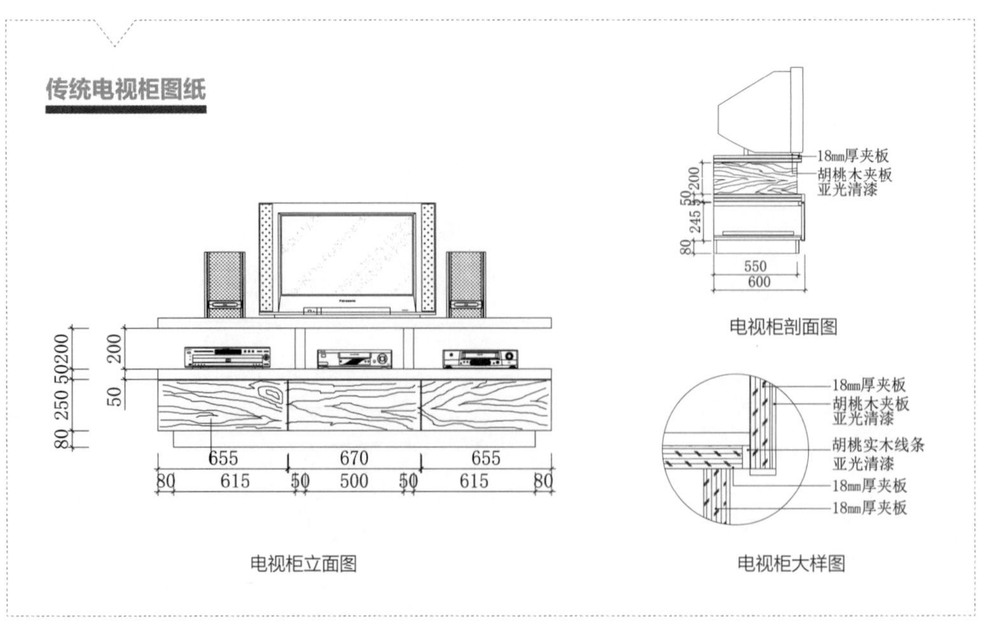

电视柜剖面图

电视柜立面图

电视柜大样图

3. 电视柜常见设计产品

定制电视柜往往不是独立设计的，其会结合具体的电视背景墙方案，设计贴合整体空间的风格的电视柜，融合度较高。

现代风电视柜	北欧风电视柜	新中式电视柜
材料：黑檀木饰面、实木颗粒板	材料：白色混油、柚木	材料：素纹布艺板、花梨木
皮革软包电视柜	**简约风电视柜**	**高脚腿电视柜**
材料：皮革软包、不锈钢踢脚、密度板	材料：人造灰皮模压板、白色混油	材料：素纹布艺板、紫荆木
包豪斯电视柜	**黑檀木电视柜**	**卧室电视柜**
材料：白色模压板、高密度板	材料：黑檀木、实木颗粒板	材料：布艺硬包、紫荆木饰面、密度板

设计建议：

定制电视柜可根据具体消费者的需求，设计大理石的台面，增加电视柜的设计变化，使其与空间设计更好地融合。

设计建议：

简易敞开式电视柜具有制作工艺简单，实用性强等特点，适合设计在现代、简约或北欧等风格中。

5.1.7 装饰柜

装饰柜不像电视柜、鞋柜等柜类家具的功能性、指向性那么强，其以装饰性为主，对柜体的美观度要求很高。装饰柜的摆放位置不受功能限制，可摆放在客厅、餐厅或者卧室、过道等空间。

1. 装饰柜常见尺寸

装饰柜的高度以 500~600 毫米为宜，深度 300~450 毫米，长度 1.2~3.9 米。柜子的间隔宽度不大于 700 毫米。例如收藏西装的空间宽度至少为 600 毫米，皮鞋等物件的宽度约为 300 毫米，杂志的宽度为 250 毫米，书籍的宽度为 150 毫米。

2. 装饰柜常见图纸

装饰柜的图纸设计相对比较复杂，尤其是在细节设计部分，会更注重雕刻、花纹、材料搭配等，以突出装饰柜的装饰作用。设计装饰柜图纸时，不仅要考虑产品设计的创新性，还要考虑批量化生产的可行性。

装饰柜立面图（1）

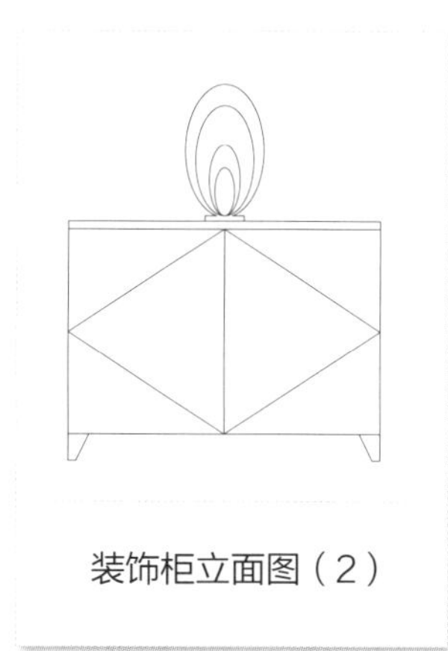
装饰柜立面图（2）

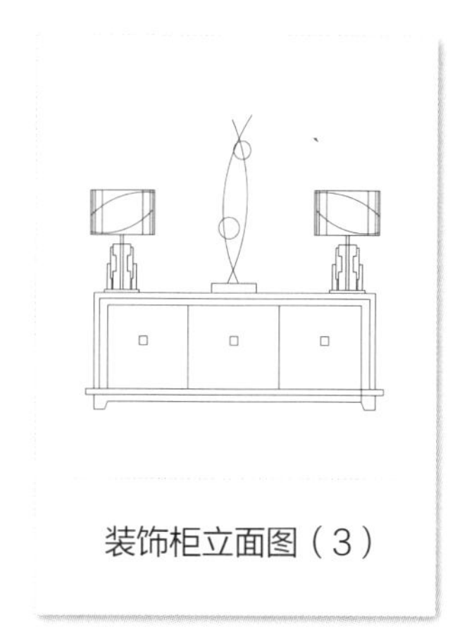
装饰柜立面图（3）

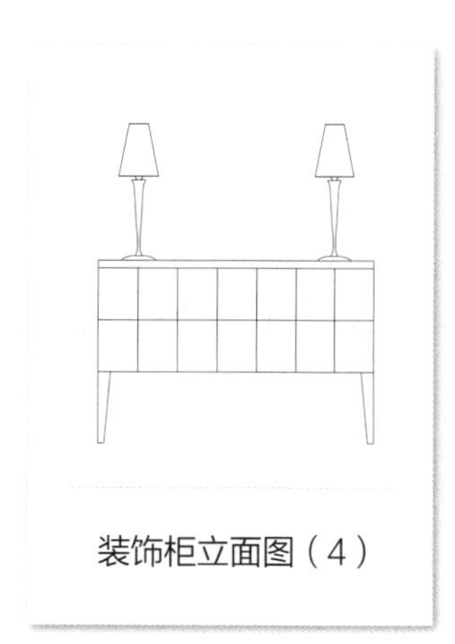
装饰柜立面图（4）

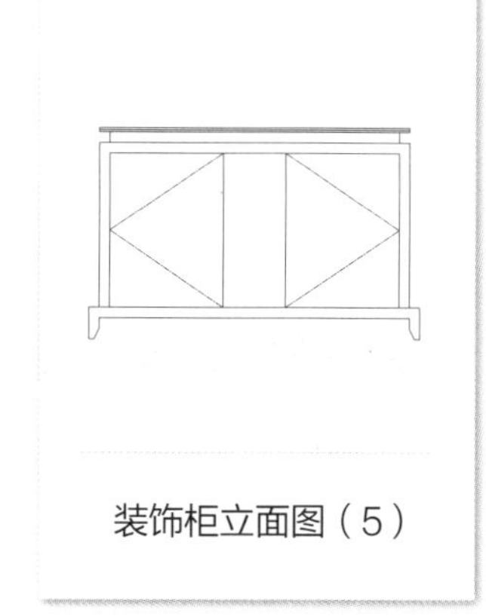
装饰柜立面图（5）

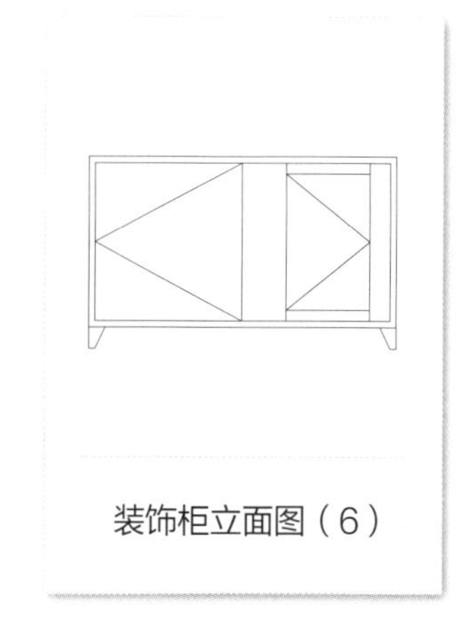
装饰柜立面图（6）

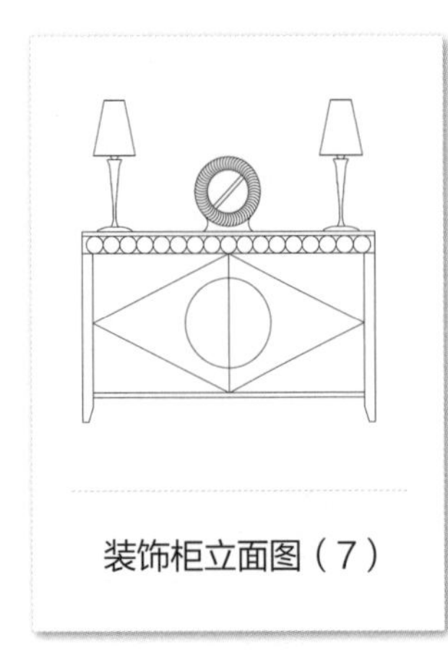

装饰柜立面图（7）

装饰柜立面图（8）

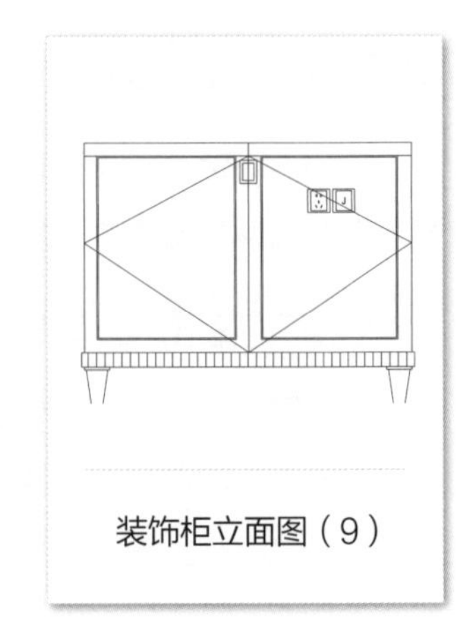

装饰柜立面图（9）

装饰柜立面图（10）

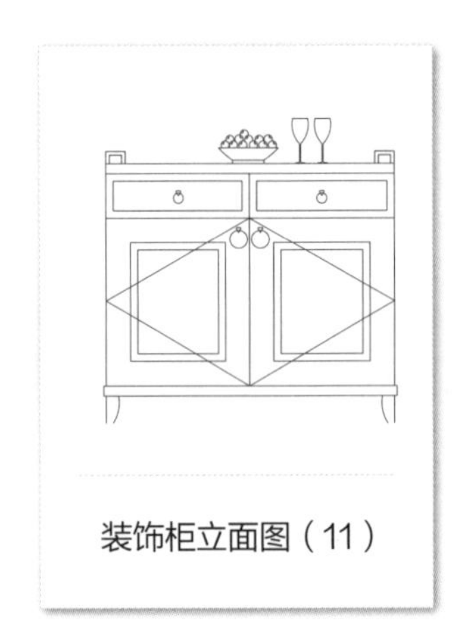

装饰柜立面图（11）

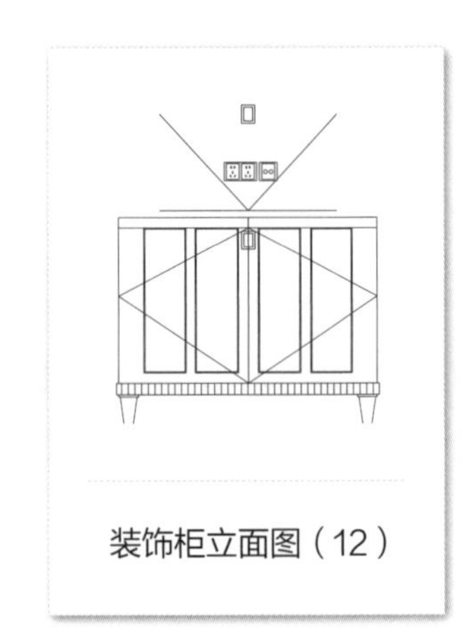

装饰柜立面图（12）

3. 装饰柜常见设计产品

定制装饰柜的设计样式精致，制作工艺复杂。因此，定制装饰柜的产量并不像其他柜体类家具一样多，但在装饰性设计上却较其他柜体类家具丰富。

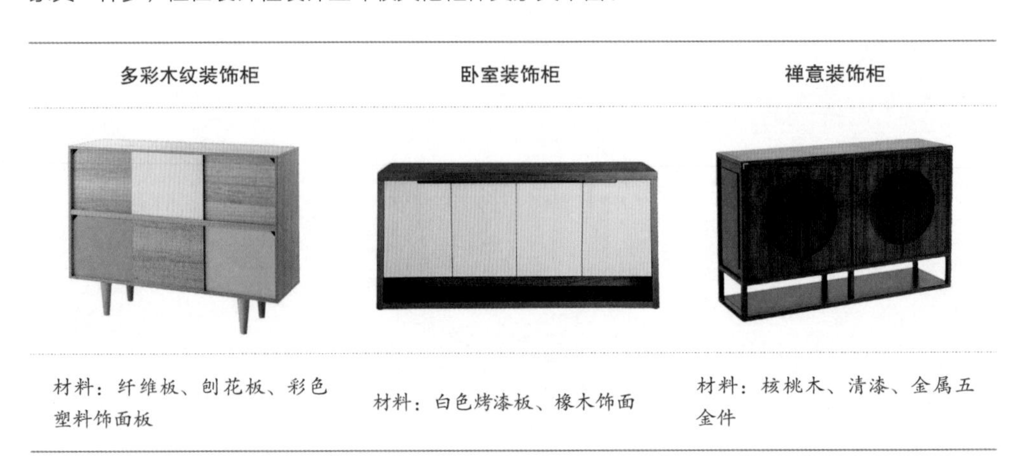

多彩木纹装饰柜	卧室装饰柜	禅意装饰柜
材料：纤维板、刨花板、彩色塑料饰面板	材料：白色烤漆板、橡木饰面	材料：核桃木、清漆、金属五金件

润弧装饰柜	简美装饰柜	北欧风装饰柜
材料：枫木饰面、不锈钢边条	材料：深蓝油漆、细木工板、做旧金属拉手	材料：白色混油、白橡木

简约风装饰柜	现代风装饰柜	金框装饰柜
材料：白色皮纹、乳白模压板	材料：黑色油漆、纤维板、榉木	材料：金属收边框、白杨木饰面

卧室墙边装饰柜

设计建议：

竖高形状装饰柜，摆放在卧室中，适合搭配装饰画一同出现。而混油柜的造型简单大方，生产工艺并不复杂，很适合作为定制装饰柜的样品。

设计建议：

设计定制组合式装饰柜，在设计样式、细节造型上需要统一，在长短尺寸上体现差异。这样组合出来的装饰柜，有丰富的装饰美感。

5.2 家具类产品

定制家具由材料、结构、外观形式和功能四种因素组成，其中功能是先导，是推动家具发展的动力；结构是主干，是实现功能的基础。这四种因素互相联系，又互相制约。定制家具相比较传统的成品家具，可以满足消费者的个性化需求，具有独一性。

目前，定制家具企业设计的家具，分为两个大类，一类是可批量生产、投入市场的定制家具，另一类是小批量、私人定制版的定制家具。前者在材料与外观设计上更趋于大众化，而后者的制作工艺则更复杂，更具设计独特性。

5.2.1 沙发

沙发起源于古埃及，主要用马鬃、禽羽、植物绒毛等天然的弹性材料作为填充物，外面用天鹅绒、刺绣品等织物蒙面，以形成一种柔软的人体接触表面。

定制沙发则拥有了更多的独创性，其大小、结构、外观、材料均可根据消费者的具体需要来“拼接组合”，形成一款只属与定制者一人的、独一无二的沙发。

1. 沙发基本尺寸

沙发的尺寸种类主要分为四种，即单人沙发、双人沙发、三人沙发和四人沙发。

单人沙发长度尺寸为 800~950 毫米，深度尺寸为 850~900 毫米，座高尺寸为 350~420 毫米，背高尺寸为 700~900 毫米；双人沙发长度尺寸为 1.26~1.5 米，深度尺寸为 800~900 毫米，座高尺寸为 400 毫米；三人沙发长度尺寸为 1.75~1.96 米，深度尺寸为 800~900 毫米；四人沙发长度尺寸为 2.32~2.52 米，深度尺寸为 800~900 毫米。

2. 沙发常见图纸

常见的沙发图纸有 L 型、三人座、四人座以及围绕式沙发等，其形状有方正均匀的、有圆润弧度的、有转角的等，基本每一款沙发都可以定制。

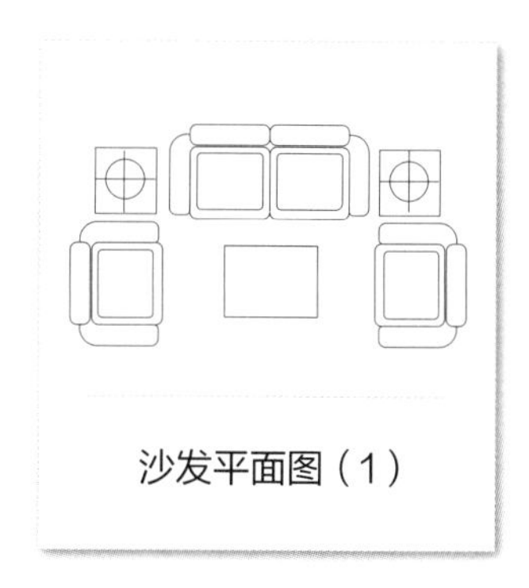

沙发平面图（1）

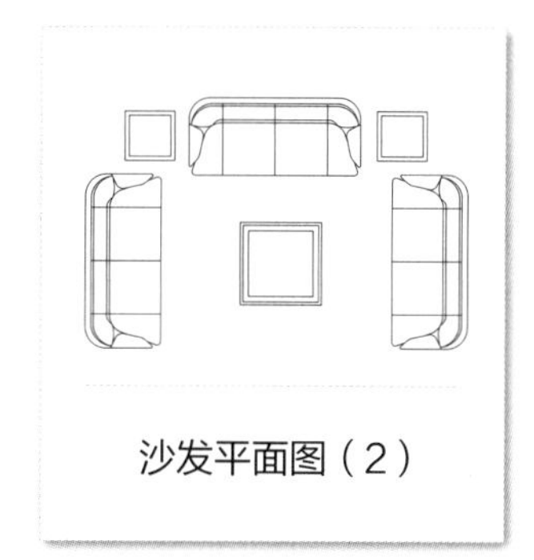

沙发平面图（2）

沙发平面图（3）

沙发平面图（4）

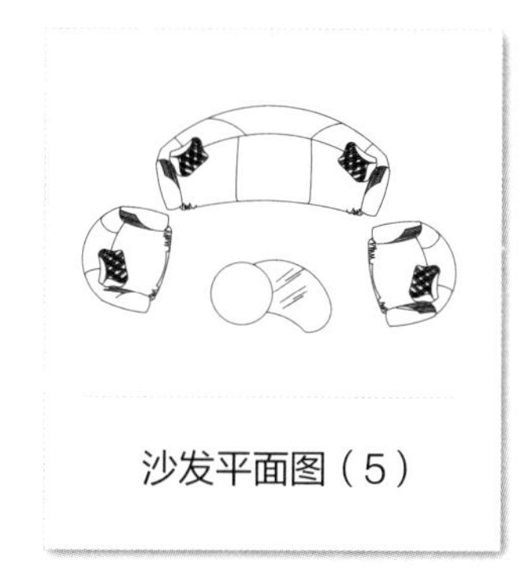

沙发平面图（5）

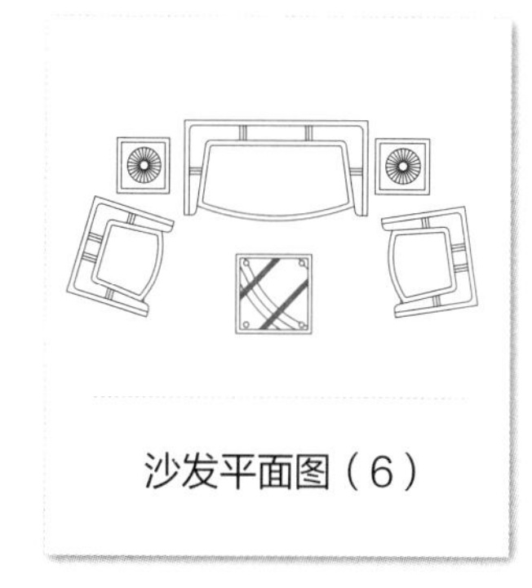

沙发平面图（6）

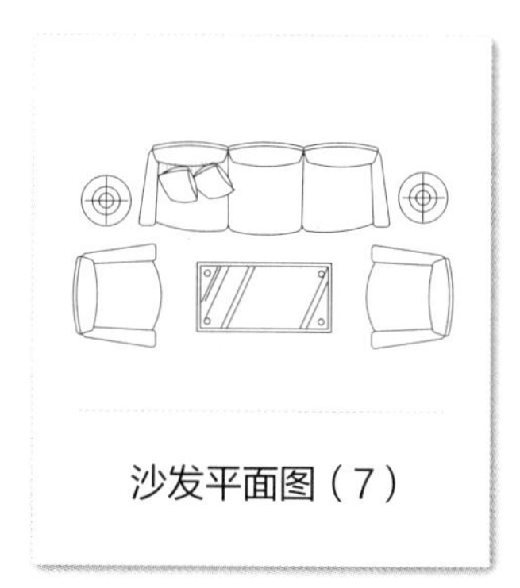

沙发平面图（7）

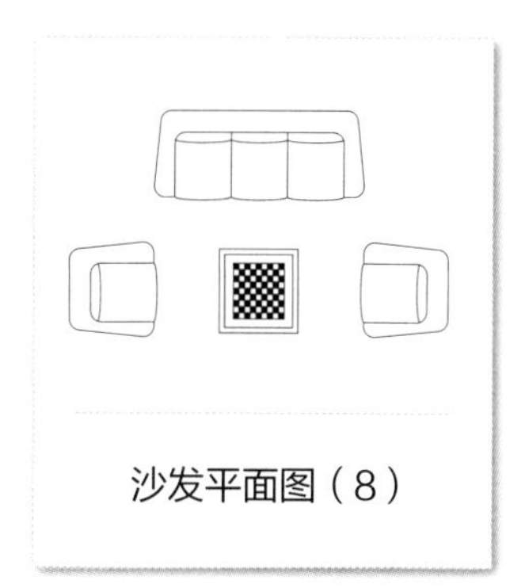

沙发平面图（8）

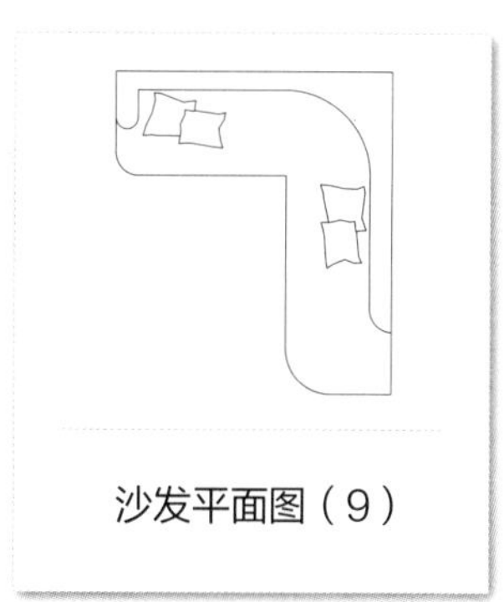

沙发平面图（9）

沙发平面图（10）

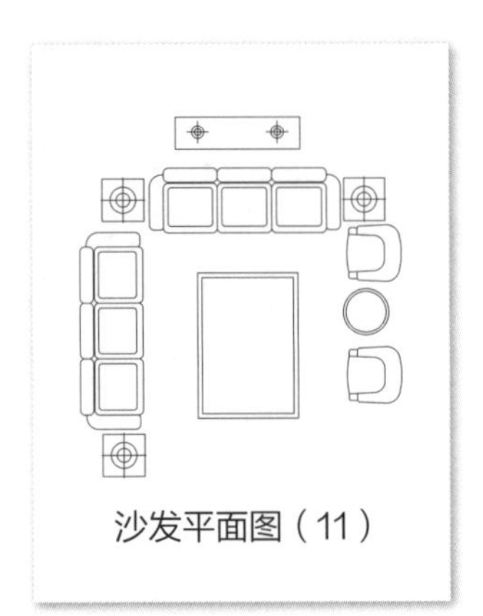

沙发平面图（11）

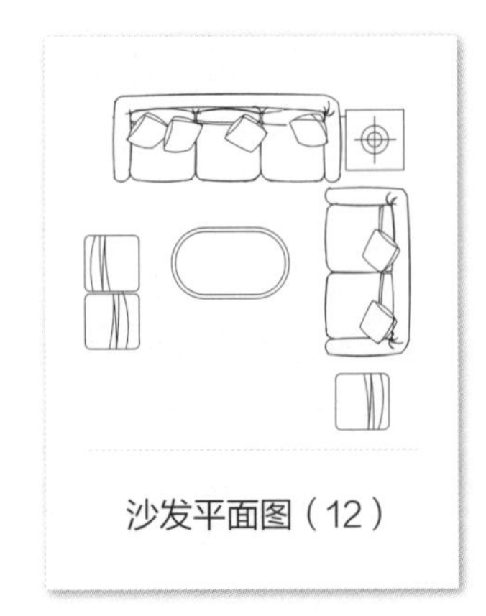

沙发平面图（12）

3. 沙发常见设计产品

定制沙发的设计以布艺与木结构结合的形式较多，设计样式上变化丰富，无论是圆润的造型、棱角分明的方形都能很好地处理，且有不错的设计效果。

圆润单人沙发	简欧双人沙发	现代贵妃椅
材料：白色不锈钢、淡粉绒布	材料：灰色绒布、狮子金属装饰	材料：米色布艺
欧式铆钉双人沙发	极简双人沙发	L 型多人沙发
材料：铆钉工艺、淡米色皮革、圆墩沙发脚	材料：米灰色布艺、亮面金属沙发脚	材料：亚麻布艺、纯黑木饰面
圆弧多人沙发	L 型三人座沙发	北欧风单人沙发
材料：白色布艺、格纹布艺、亚麻布艺	材料：灰色布艺、彩色纹布艺	材料：淡米色亚麻布艺、柚木

北欧风起居室沙发

设计建议：

采用实木沙发框架，搭配布艺软垫的定制沙发，制作工艺相对比较简单，并且会拥有不错的装饰效果。

简约L型三人座沙发

设计建议：

像这种角度比较大的L型沙发，只有定制才能实现，也只有采用定制，才能使沙发与空间内的尺寸完美融合。

5.2.2 餐桌椅

餐桌椅是人们日常生活、活动中使用的具有坐卧、凭倚、餐食等功能的家具。通常由若干个零部件按一定接合方式装配而成。市场上，餐桌椅的种类十分丰富，设计产品种类多样。而随着人们对高品质生活的追求，定制餐桌椅渐渐为消费者所接收，并有逐步增加的趋势。

定制餐桌椅更符合定制家具企业的生产、制作流水线，这主要是因为餐桌椅通常以木制材料为主。

1. 餐桌椅基本尺寸

餐桌高度一般为 710~750 毫米，座椅的高度为 415 毫米 ~450 毫米。二人位餐桌的尺寸为 700 毫米 ×850 毫米（长度 × 宽度），四人位餐桌的尺寸为 1.35 米 ×0.85 米，八人位餐桌的尺寸为 2.25 米 ×0.85 米，正方形餐桌尺寸为 600 毫米 ×600 毫米或 1 米 ×1 米，圆形餐桌的直径尺寸为 600 毫米或 800 毫米。

2. 餐桌椅常见图纸

常见的沙发图纸有长方形、正方形、圆形、椭圆形等，形状上都比较规则。与餐桌相比，餐椅的构图与造型则相对比较复杂。

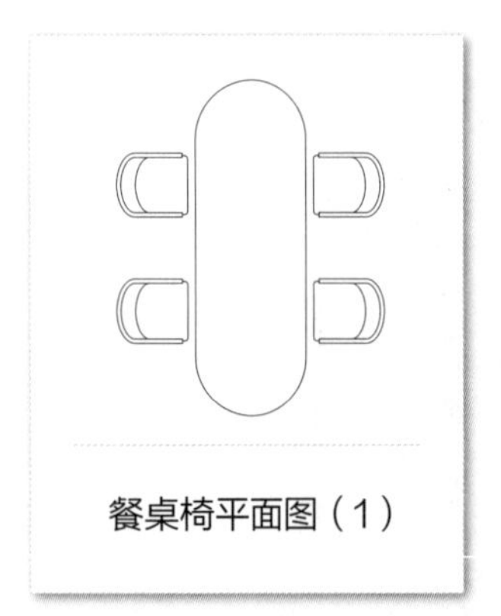

餐桌椅平面图（1）

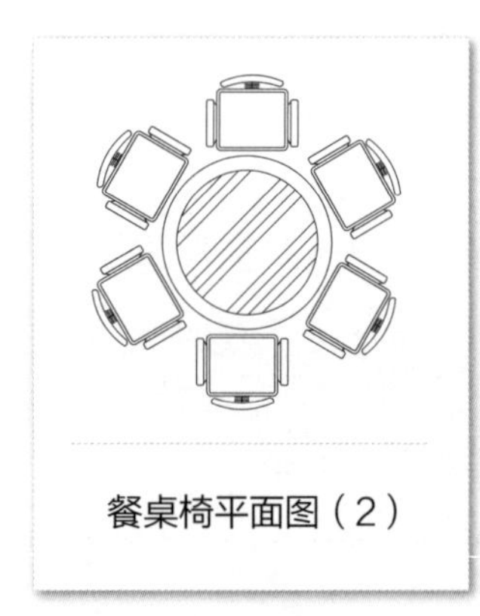

餐桌椅平面图（2）

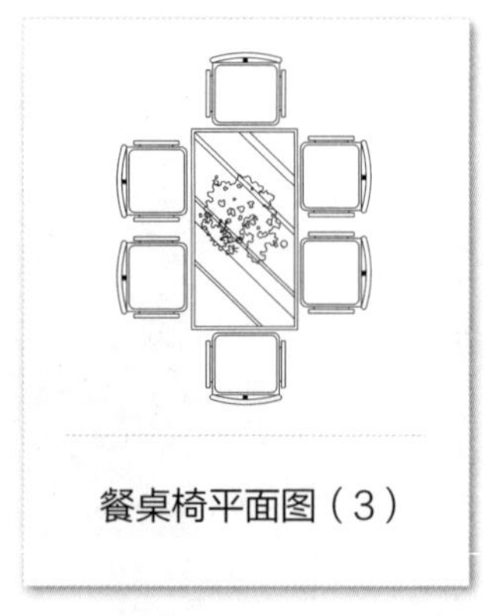

餐桌椅平面图（3）

餐桌椅平面图（4）

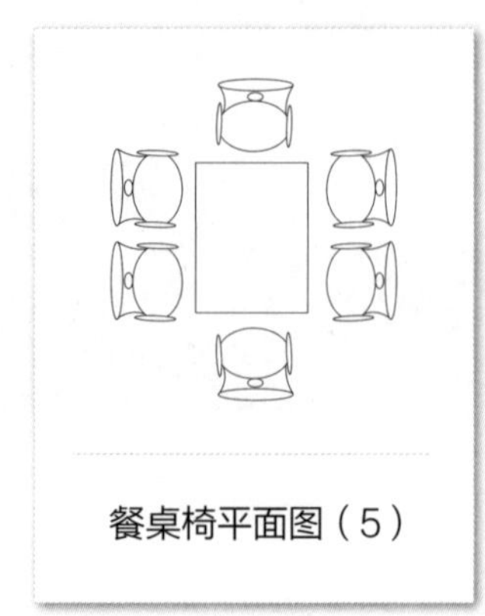

餐桌椅平面图（5）

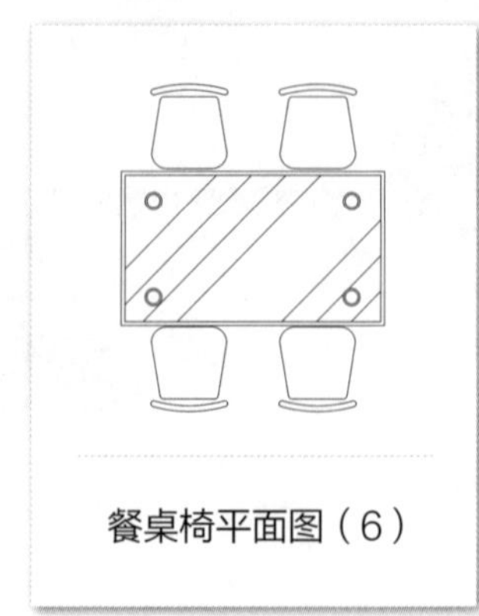

餐桌椅平面图（6）

餐桌椅平面图（7）

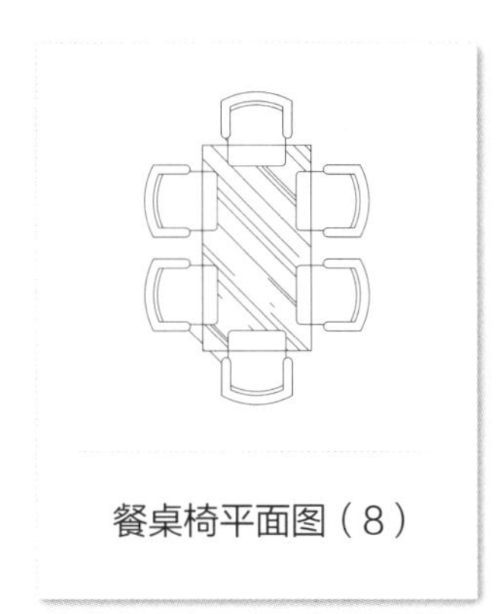

餐桌椅平面图（8）

餐桌椅平面图（9）

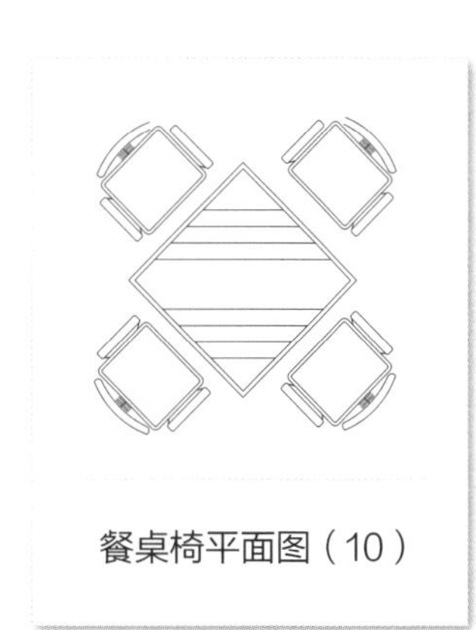

餐桌椅平面图（10）

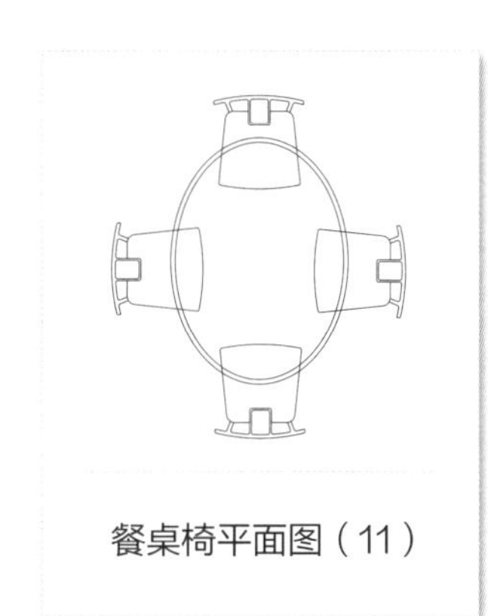

餐桌椅平面图（11）

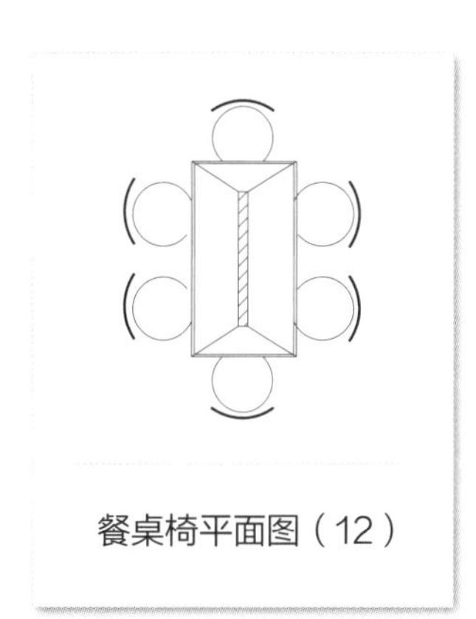

餐桌椅平面图（12）

3. 餐桌椅常见设计产品

定制餐桌椅的设计以木制材料为主，在设计样式的变化上比较丰富，注重细节处理。同时，应对不同的设计风格，定制餐桌椅都有不错的设计方案与效果。

新中式餐桌椅	八人座餐桌椅	圆桌餐桌椅

材料：白枫木、墨绿油漆、青蓝布艺软垫	材料：条纹布艺坐垫、拼接原木	材料：水曲柳、黑色皮革

原木四人座餐桌椅	地中海餐桌椅	现代风餐桌椅

材料：水曲柳、黑色皮革	材料：天蓝色油漆、棕红色油漆、条纹桌布	材料：多彩布艺、柚木
圆润边角餐桌椅	**北欧风双人餐桌椅**	**简约风餐桌椅**

材料：柚木	材料：清漆、白枫木	材料：米色布艺、图案布艺、橡木

现代风皮革餐桌椅

设计建议：

刷清漆的原木色餐桌，有设计质感，且表面更耐划；而设计了皮革的餐椅，具有打理起来方便的特点。

原木餐桌椅

设计建议：

原木餐桌椅需采用天然木材定制，才能展现出餐桌的原木质感。设计时需注意，餐椅的靠背与座椅均需设计一定的弧度，增加坐靠时的舒适度。

5.2.3 床

床是供人躺在上面睡觉的家具，包括床架和床垫两部分。定制床的设计要求有四点：首先是稳固，睡上去不可有摇晃的感觉；其次是造型要简洁，直线条的床具更符合现代消费者的购买思路；再次，床头的面积有加大的趋势，并且要做出特色；最后，床的高度需降低，加上床垫后保持在 20 厘米较为合适，而传统的床的高度是 400 毫米。

1. 床基本尺寸

单人床的标准尺寸有 1.2 米 ×2 米和 0.9 米 ×2 米两种；双人床有两种类型，分别是标准双人床和加大双人床。标准双人床的尺寸一般为 1.5 米 ×1.9 米，另一种尺寸为 1.2 米 ×1.9 米。加大双人床尺寸一般为 1.8 米 ×2 米，所配床垫一般为 2 米 ×2.3 米或 2.2 米 ×2.4 米。

2. 床常见图纸

常见的床图纸只有两类，一类是双人床图纸，一类是单人床图纸。床的尺寸有很多，也较为丰富，在图纸中的区别主要体现在长宽比以及辅助装饰上。

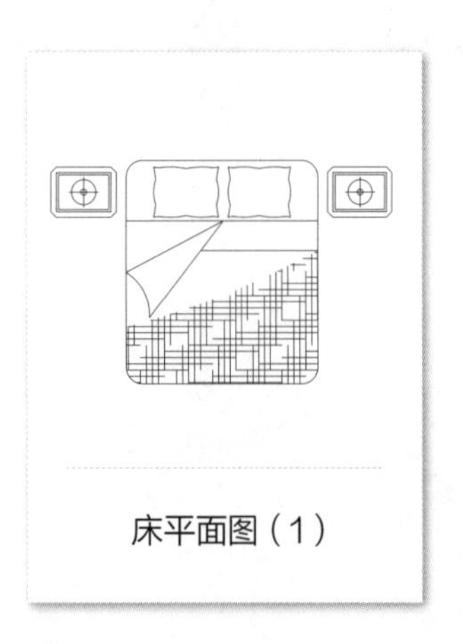
床平面图（1）

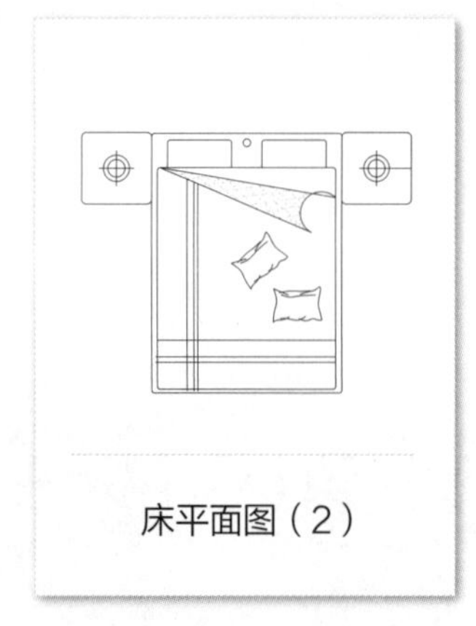
床平面图（2）

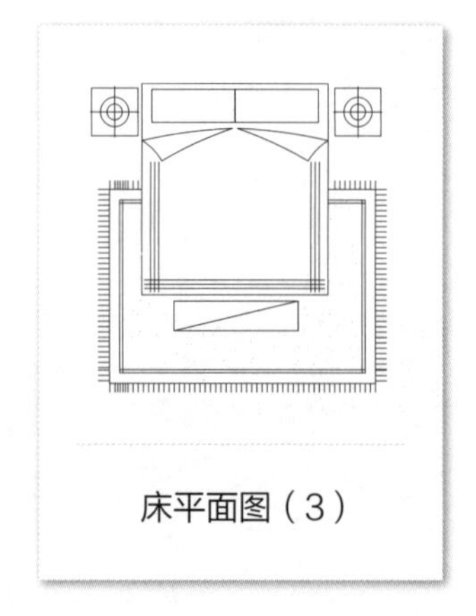
床平面图（3）

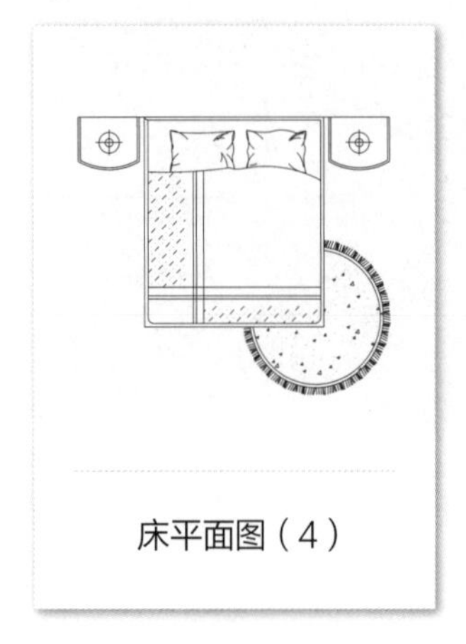
床平面图（4）

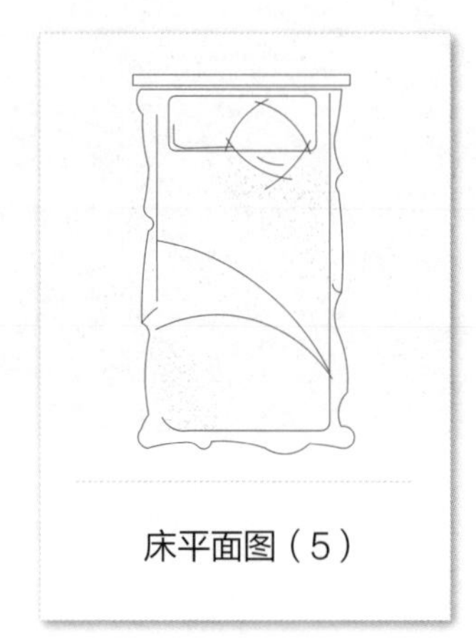
床平面图（5）

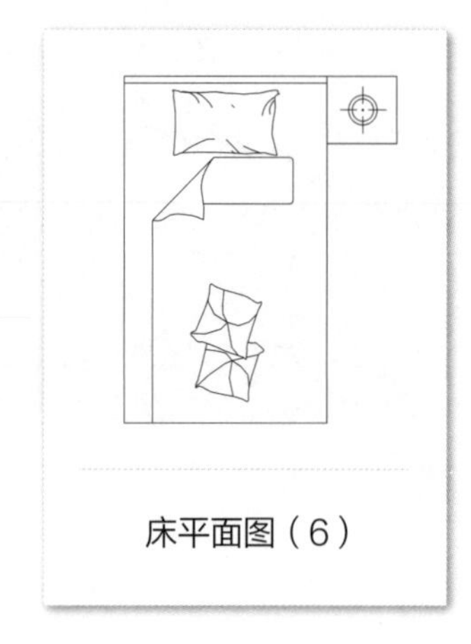
床平面图（6）

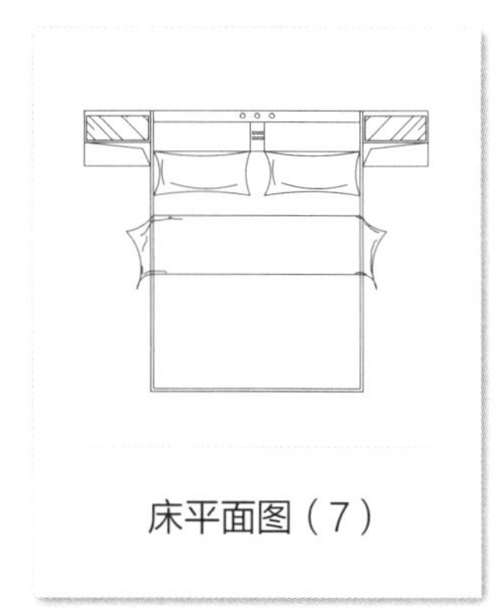

床平面图（7）

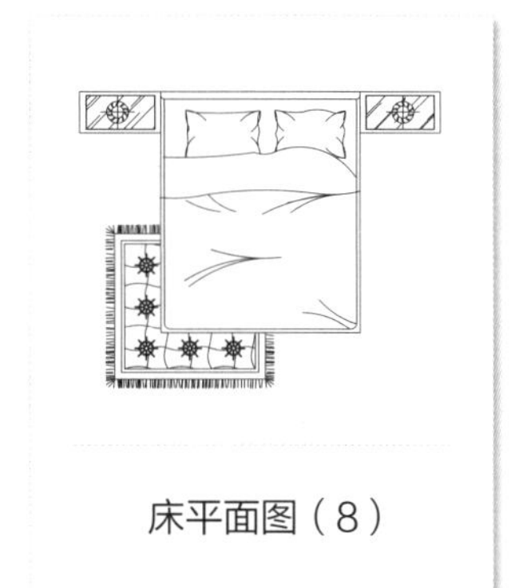

床平面图（8）

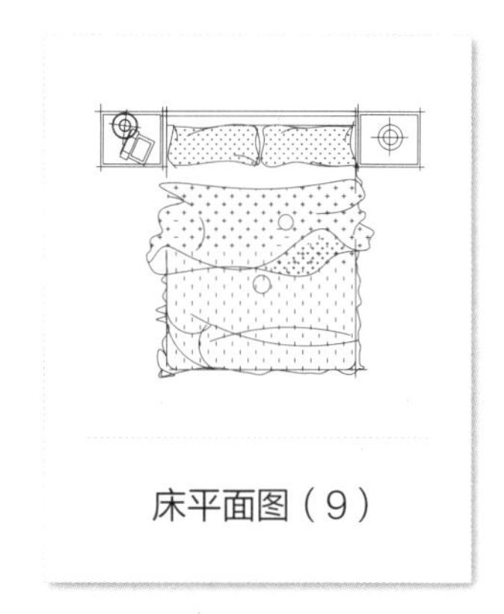

床平面图（9）

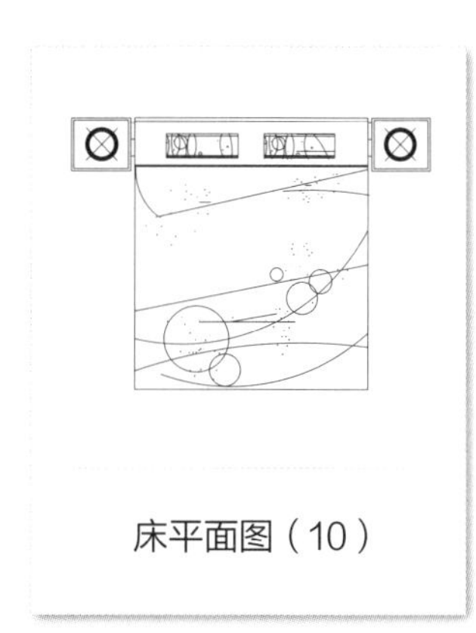

床平面图（10）

床平面图（11）

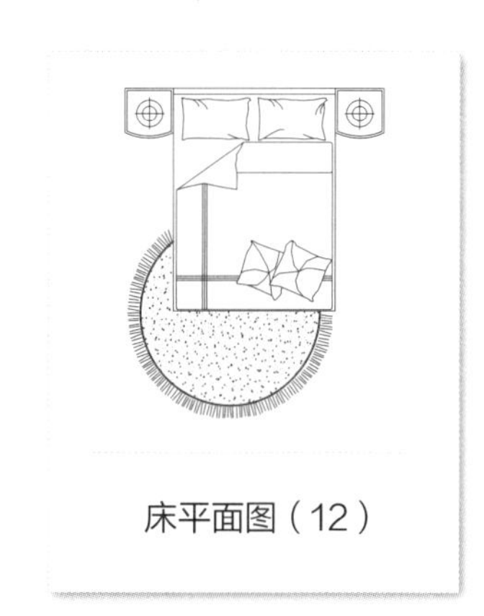

床平面图（12）

3. 床常见设计产品

床的设计产品丰富，包括双人床、单人床、高低床、功能床等。由于定制床的特点，设计功能床存在较大的优势，尤其是结合储物功能、学习功能以及置物功能等，能有效地结合具体空间面积，设计出实用且美观的定制床。

儿童高低床	可折叠单、双人床	可置物单人床

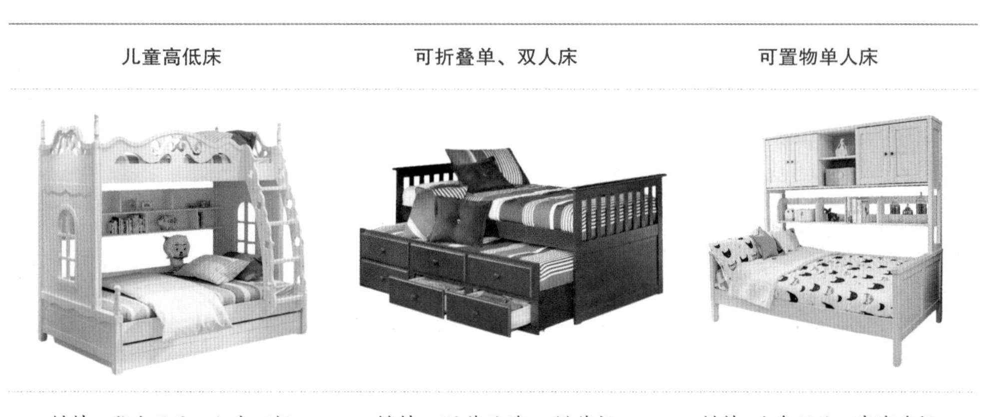

材料：乳白混油、细木工板	材料：深蓝油漆、刨花板	材料：白色混油、高密度板

高背床头双人床	简欧风双人床	现代风双人床

材料：高贵灰绒布、素白棉质床单	材料：米白色皮革、黑檀木床脚	材料：橡木、高贵会绒布
简美风双人床	北欧风单人床	美式风双人床

材料：红木、灰色布艺	材料：黑麻布床单、白枫木	材料：灰蓝色布艺、黑檀木床脚

木制床头双人床

设计建议：

这种定制双人床的设计，需提前测量好房间的尺寸，以及电线的预留位置，以便后期在床头中预埋线路，安装床头灯。

简美风双人床

设计建议：

这类定制床的设计，重点在内部的木结构框架，以及床头的弧度设计上。床的布艺采用印花材料，可以更好地呼应简美的设计风格。

5.2.4 书桌

书桌，指供书写或阅读用的桌子，通常配有抽屉、分格和文件架。定制书桌所涵盖的内容更加广泛，将与书桌连体定制的柜体或墙柜等都划入了定制书桌的范畴。随着制作工艺的进步，定制书桌的设计样式越来越丰富，基本可以实现传统成品书桌的所有样式。

1. 书桌基本尺寸

书桌标准的高度尺寸为750~800毫米，考虑到腿在桌子下面的活动区域，要求桌下净高不小于 580 毫米；标准的单人书桌长宽比为 0.6 米 ×1.2 米；与书桌配套的座椅标准高度为 380~450 毫米。

2. 书桌常见图纸

常见的书桌图纸分两类，一类是家居书桌，另一类是办公书桌。其中，家居书桌的尺寸小、座椅少、样式丰富；办公书桌的尺寸大，通常都带有附桌，并配备三把以上座椅。

书桌平面图（1）

书桌平面图（2）

书桌平面图（3）

书桌平面图（4）

书桌平面图（5）

书桌平面图（6）

书桌平面图（7）

书桌平面图（8）

书桌平面图（9）

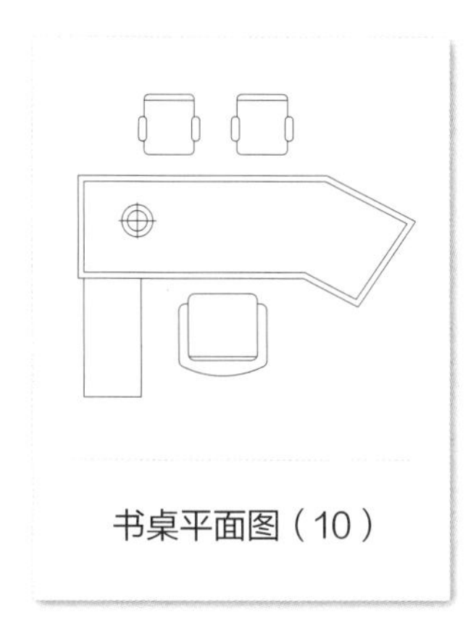

书桌平面图（10）

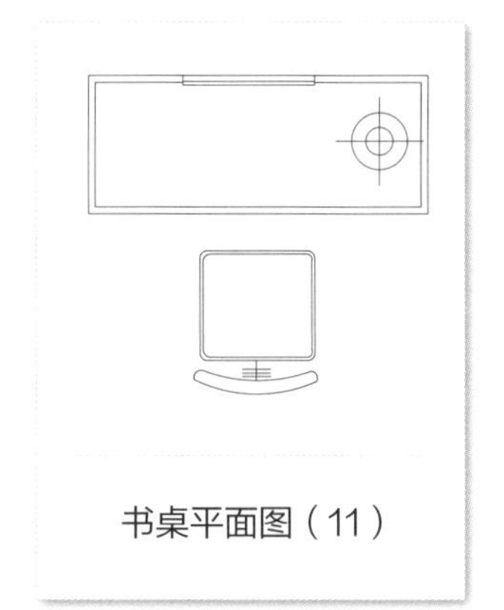

书桌平面图（11）

书桌平面图（12）

3. 书桌常见设计产品

定制书桌的设计样式越来越丰富，重视对于细节的把控。如书桌边角的圆润处理，抽屉的设计靠近侧边等。定制书桌的尺寸呈多样化，以单人书桌为例，便有十几种不同的尺寸与大小。

传统板式书桌	镂空结构书桌	柜桌组合式书桌
材料：白色混油、刨花板	材料：黑漆不锈钢、人造大理石、模压板	材料：纯色模压板、水曲柳木饰面

北欧风书桌	简约风书桌	靠墙式书桌
材料：白色混油、柚木、棕色布艺	材料：柚木、清漆	材料：黑色模压板、橡木

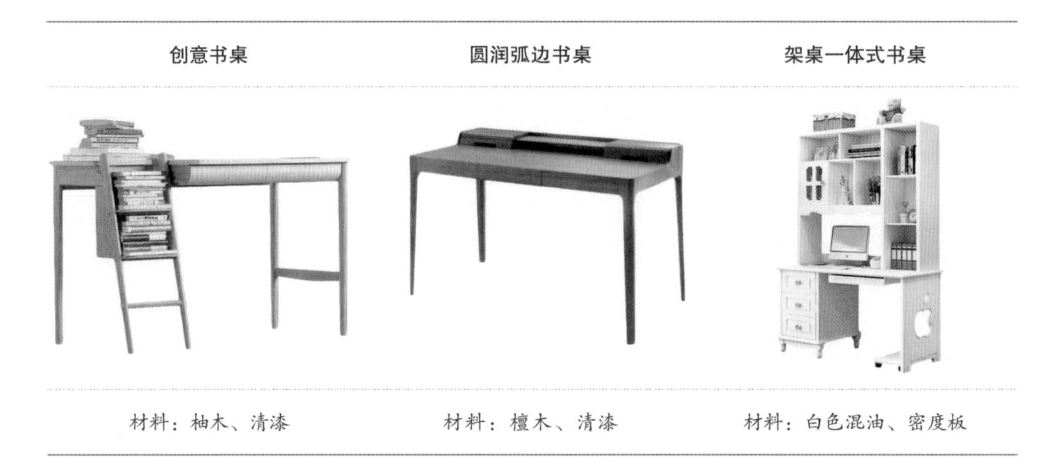

创意书桌	圆润弧边书桌	架桌一体式书桌
材料：柚木、清漆	材料：檀木、清漆	材料：白色混油、密度板

飘窗式书桌

设计建议：

飘窗式书桌的设计，一半固定在飘窗上，一半固定在地面上。这种书桌只可以采用定制的方式制作，并且有着节省书房面积的优点。

挂墙式书桌

设计建议：

这类书桌的制作工艺简单，节省用材，但安装工艺复杂，设计过程中需要考虑的因素较多。如书桌距窗边的距离，长度以及抽屉的高度等。

5.2.5 座椅

座椅是一种有靠背、有扶手的坐具。其用途广泛、种类丰富，有办公椅、餐椅、吧椅、休闲椅、躺椅、专用椅等。定制家具中的座椅，有结合家具设计的系列座椅，也有独立设计的单品座椅。

1. 座椅基本尺寸

座椅的标准坐高尺寸为 400~440 毫米，坐深尺寸为 380~420 毫米，坐宽尺寸为 380~460 毫米；靠背的高度尺寸为 480~630 毫米，宽度尺寸为 350~480 毫米；扶手高度尺寸为 200~250 毫米。

2. 座椅常见图纸

座椅图纸以立面图为标准，通过立面图体现出座椅的设计细节。常见的座椅图纸，有带靠背、扶手式，有带靠背、无扶手式，有无靠背、无扶手式，有转椅式等。

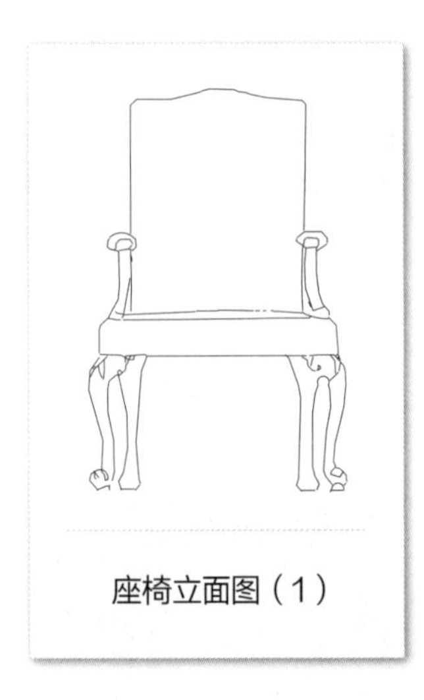

座椅立面图（1）

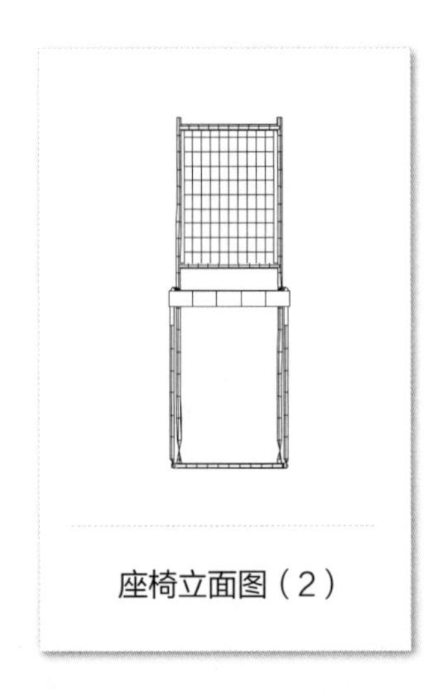

座椅立面图（2）

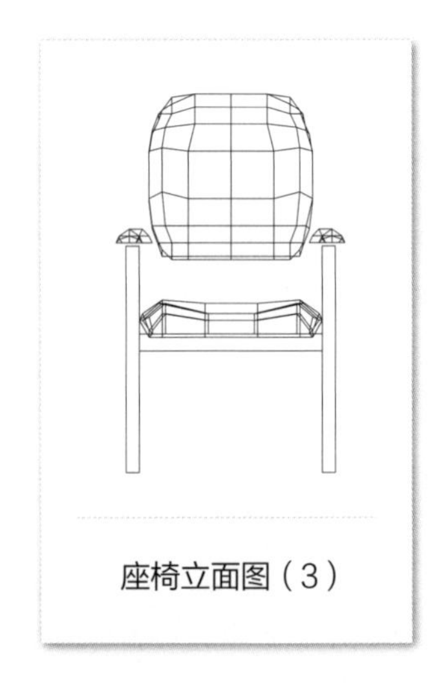

座椅立面图（3）

座椅立面图（4）

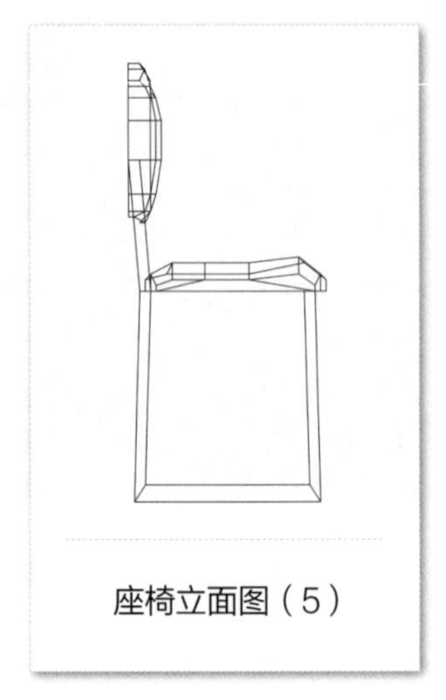

座椅立面图（5）

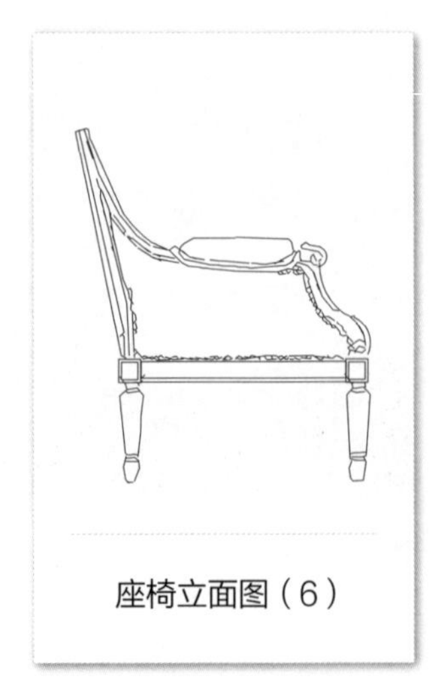

座椅立面图（6）

座椅立面图（7）

座椅立面图（8）

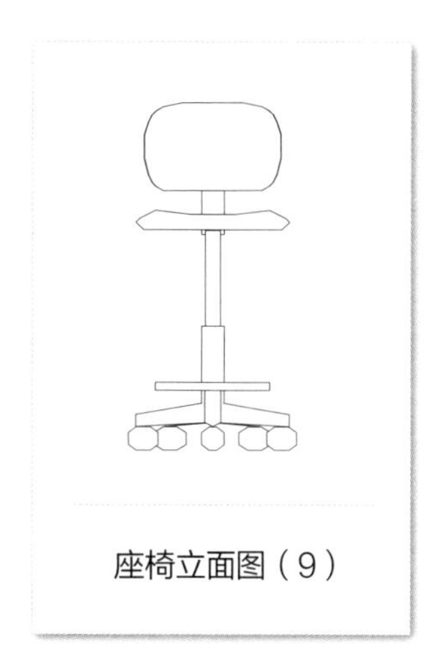

座椅立面图（9）

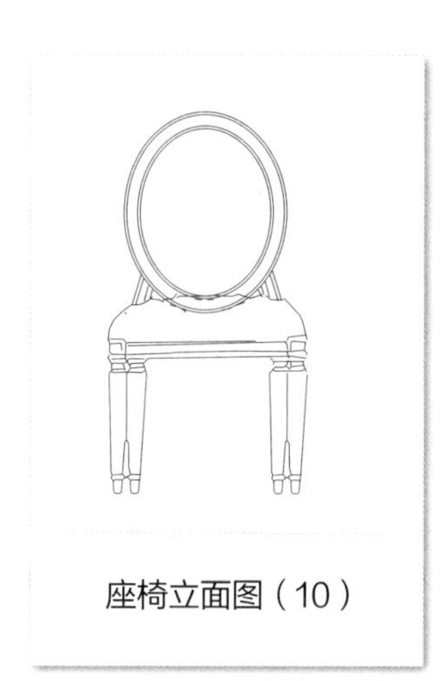

座椅立面图（10）

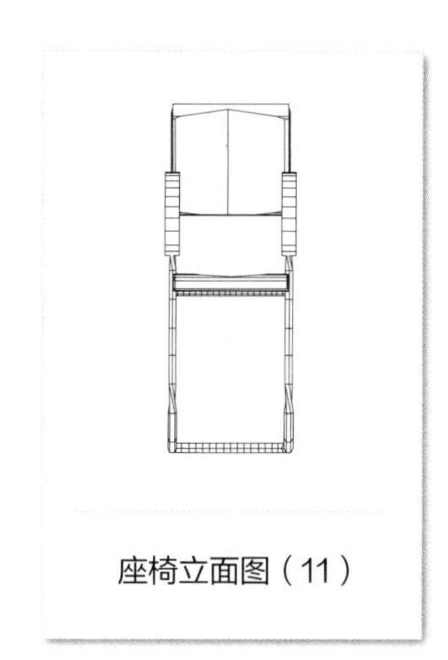

座椅立面图（11）

座椅立面图（12）

3. 座椅常见设计产品

座椅根据功能的不同，有休闲、办公、吧椅、高脚凳等区别。在设计方面，座椅的样式丰富多变，但均以木制材料为主体框架，再搭配布艺、皮革或者金属等材料设计。

北欧风座椅	休闲摇椅	欧式单人座椅
材料：橡木、灰色布艺	材料：灰色布艺、黑漆金属、枫木	材料：白色混油、灰蓝布艺、铆钉

舒适凹椅	高脚吧椅	简约风座椅

材料：面包布艺坐垫、白色高分子塑料、橡木	材料：橡木、白色高分子塑料	材料：灰色麻布料、枫木
单人休闲椅	**简美风座椅**	**新中式座椅**

材料：亚麻布、柚木	材料：不锈钢、黑色皮革、木纹模压板	材料：黑色皮革、檀木

简约风摇椅

设计建议：

采用高分子塑料制作而成的摇椅，具有质量轻、坚固耐用以及打理方便等特点。采用摇椅的设计方式，增加了其休闲功能。

简约竹藤垫座椅

设计建议：

这类座椅有占地面积小，生产制作工艺简单等优点，适合大批量生产。座椅的外观虽然简单，却具有艺术美感，符合现代人的审美。

5.2.6 茶几

茶几是入清之后开始在中国盛行的家具。通常是两把椅子中间夹一个茶几，用以放杯盘茶具，故名茶几。随着现代家具的盛行，将摆放在沙发前方的称为茶几，而摆放在沙发两侧的称为角几，用以区别茶几的大小、用途以及摆放位置。

1. 茶几基本尺寸

长方形茶几分三种尺寸，小型的长度为 600~750 毫米，宽度为 450~600 毫米，高度为 380~500 毫米；中型的长度为 1.2~1.35 米，宽度为 380~500 毫米，高度为 380~500 毫米；大型的长度为 1.5~1.8 米，宽度为 600~800 毫米，高度为 330~420 毫米。

正方形茶几的长度尺寸为 750~900 毫米，高度尺寸为 430~500 毫米。

圆形茶几的直径尺寸为 750 毫米、900 毫米、1.05 米、1.2 米，高度尺寸为 330~420 毫米。

2. 茶几常见图纸

茶几图纸所表现的内容主要是形状与材质，如长方形、正方形以及圆形；材质则通常会在平面图中用几条斜杠表示玻璃、填充图案表示木质材料等。

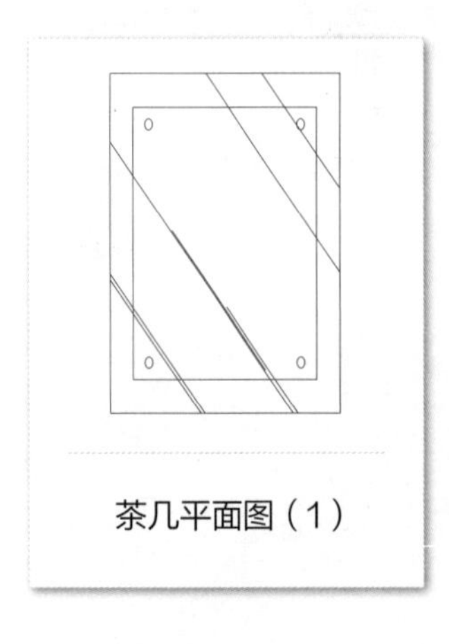

茶几平面图（1）

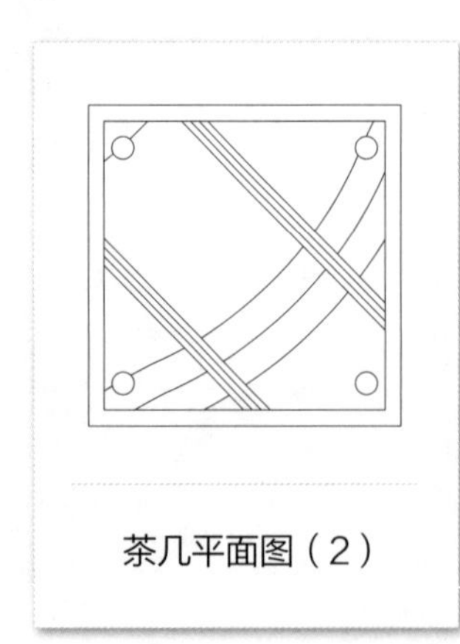

茶几平面图（2）

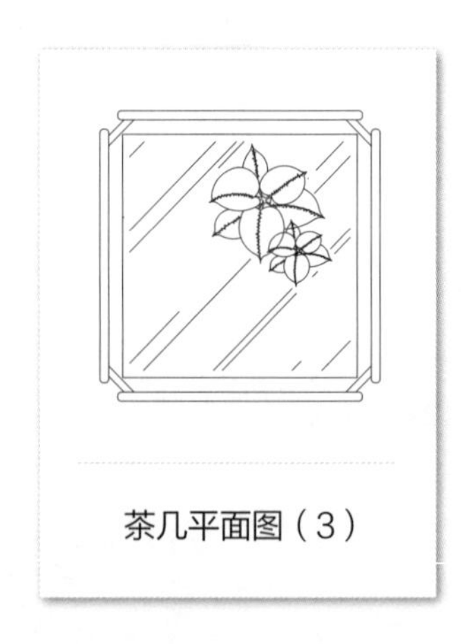

茶几平面图（3）

茶几平面图（4）

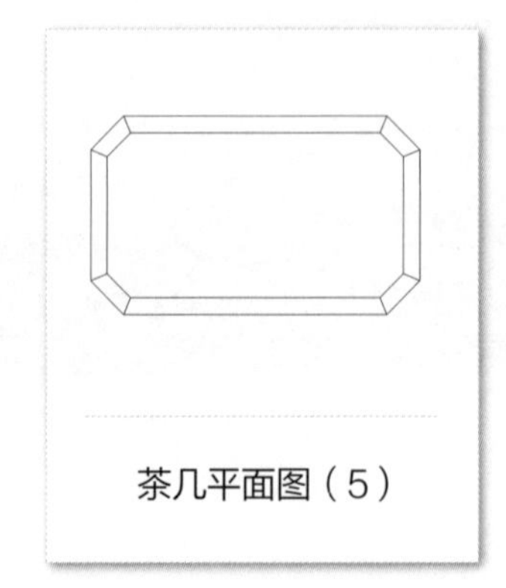

茶几平面图（5）

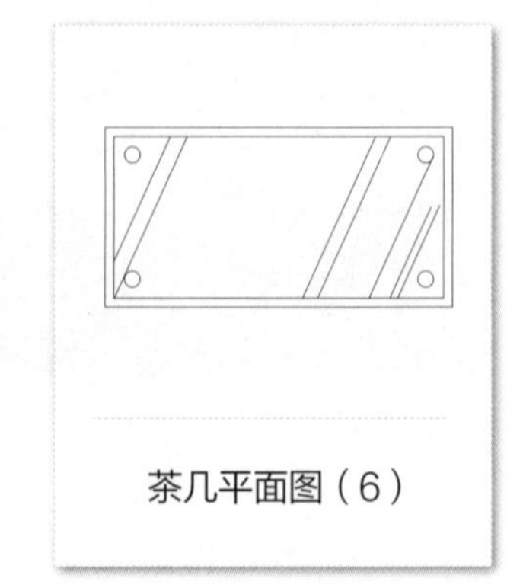

茶几平面图（6）

茶几平面图（7）

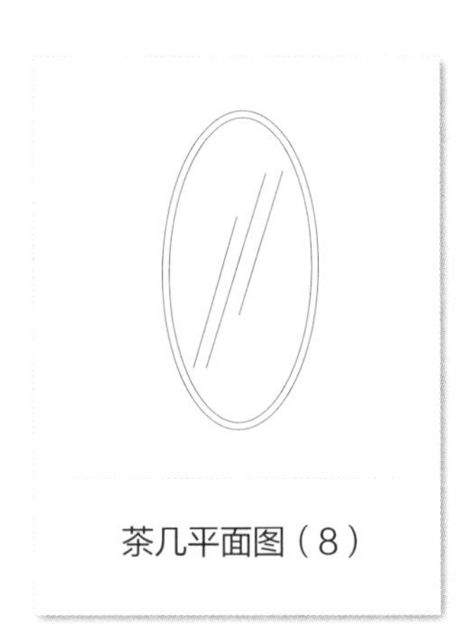
茶几平面图（8）

茶几平面图（9）

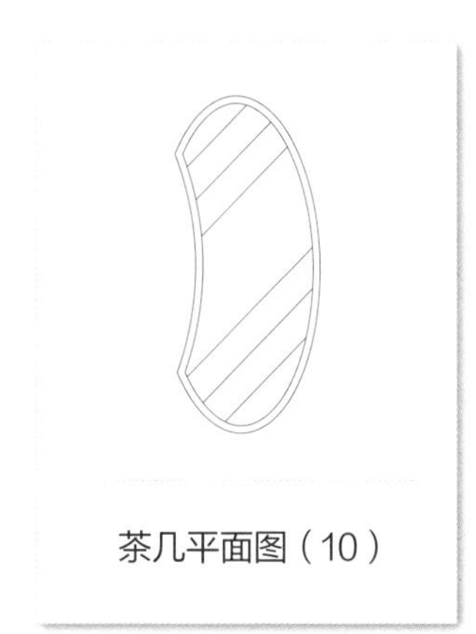
茶几平面图（10）

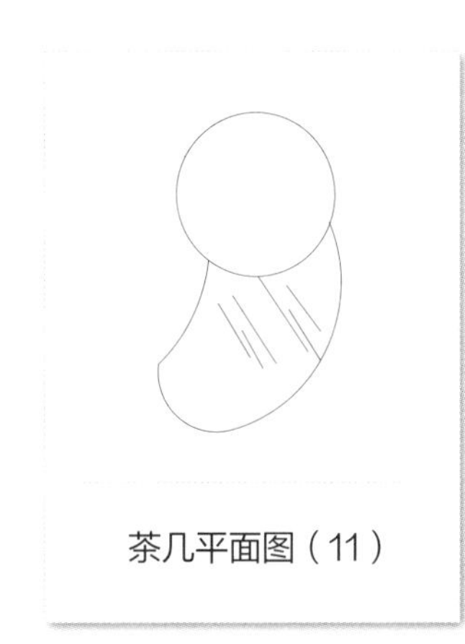
茶几平面图（11）

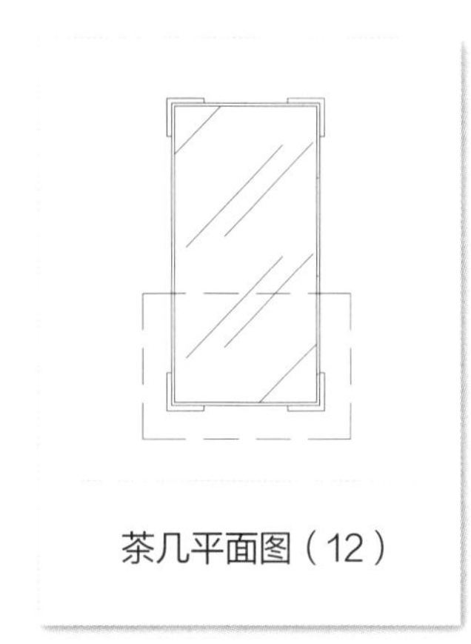
茶几平面图（12）

3. 茶几常见设计产品

随着茶几装饰地位的提升，外观设计趋于丰富化，运用材质种类增加。定制茶几则以木制材料为基础，上面搭配石材、金属，或是简单的雕花工艺等，以突出茶几的设计感。

石材茶几	原木茶几	可旋转茶几
材料：黑灰人造石、黑色油漆、纤维板	材料：柚木、清漆	材料：橡木、清漆

T 型架茶几	禅意茶几	美式茶几
		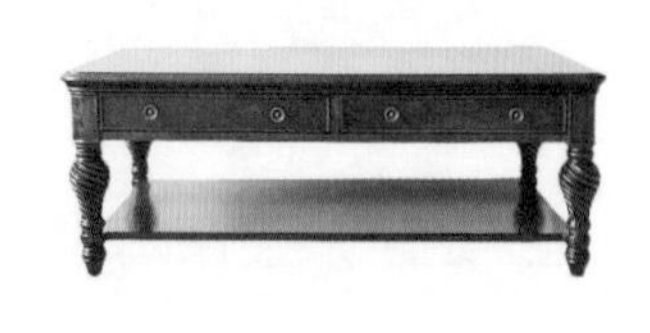
材料：黑漆金属、黑木纹模压板	材料：柚木、清漆	材料：亮面油漆、胡桃木
现代风茶几	**多功能茶几**	**简约风茶几**
		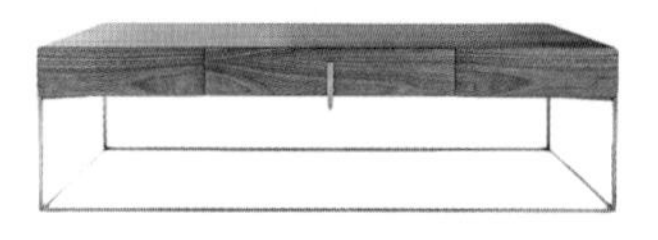
材料：木纹饰面板、黑漆金属	材料：胡桃木饰面、黑色油漆、纤维板	材料：檀木、金漆不锈钢

精致组合式茶几

设计建议：

组合式茶几可根据不同的需要，调动组合方式，与空间相互融合。同时，简单的茶几造型，不仅节约了空间面积，也提升了生产制作的便捷性。

原木茶几

设计建议：
在茶几的四边设计档条，可提升置物功能，便于几面摆放物品。而全木结构的茶几，采用了交错型几脚，可提升茶几的稳固度。

5.3 装饰类产品

装饰类产品的定制服务远远晚于柜体类产品以及家具类产品。随着消费者对于个性化、私人化的要求提升，定制家具的产业逐渐涉及了装饰类产品，一经面市，便受到了广大消费者的欢迎，成为一种新的时尚。

装饰类产品主要包括电视墙柜、屏风隔断以及壁架等的定制化设计，墙面以木制板材为基础材料，同时搭配金属、石材、玻璃以及壁纸等辅助性材料，形成模块化墙面装饰，消费者可根据个人的喜好，自由组合搭配，形成属于自己的定制化家具。

5.3.1 电视墙柜

电视墙柜指专门摆放或悬挂电视的墙面柜。传统的电视墙通常由墙漆、壁纸等材料组成，需要一定的制作工序。而定制电视墙柜则是以木质板材为主，或设计成柜体，或设计成背景，安装方便快速，很少产生装修废料，环保且无污染。

定制电视墙柜在一定程度上扩大了收纳空间，合理地利用了墙面面积，同时还起到了装饰作用。

1. 电视墙柜常见图纸

定制电视墙柜的图纸主要以柜体类设计为主，通常在立面图中会构建电视柜、墙面柜，并以组合的方式融合到一起。因此，图纸的细节不仅要通过立面图展示，还用通过剖面图展现内部结构，进深尺寸等。

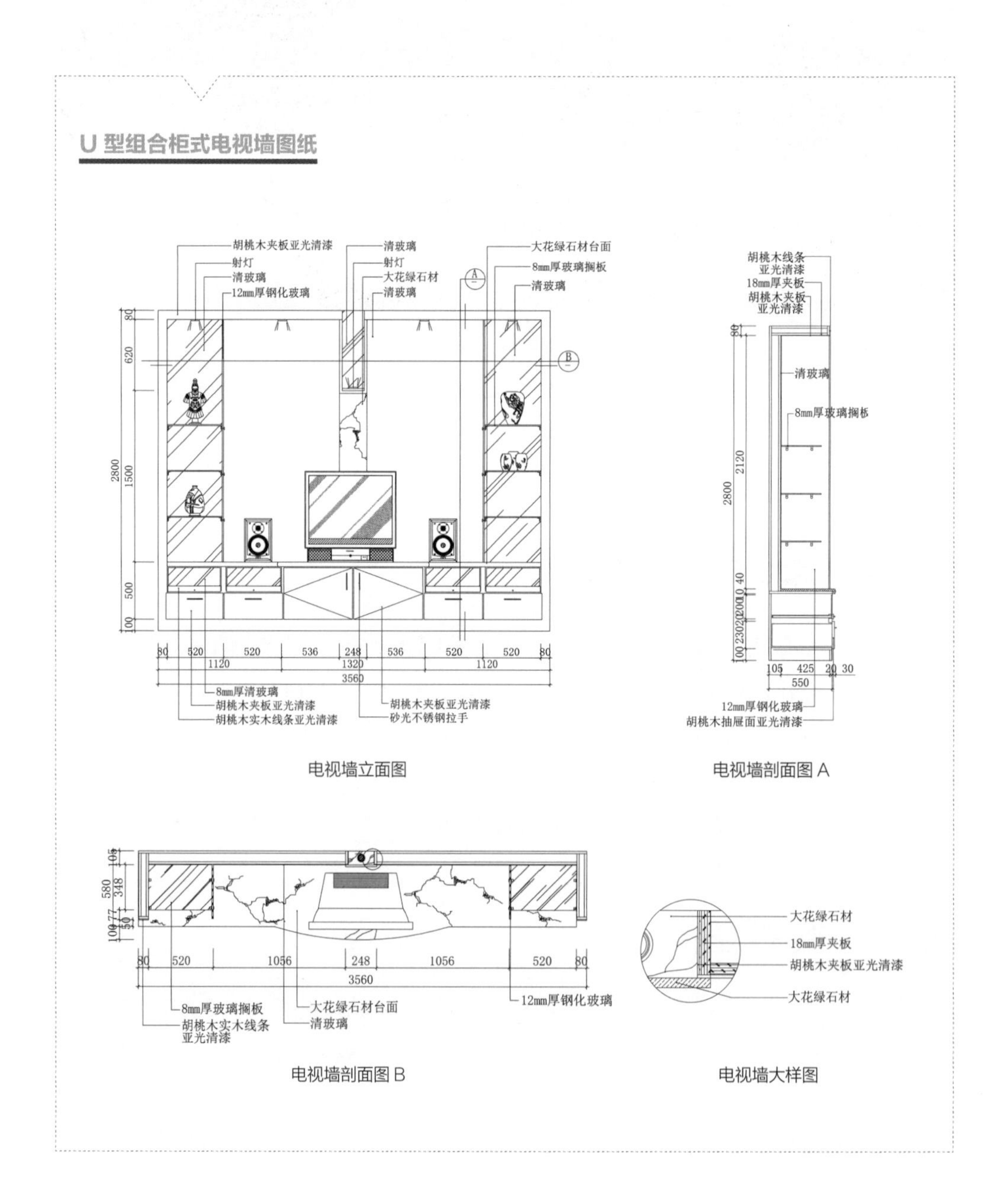

电视墙立面图

电视墙剖面图 A

电视墙剖面图 B

电视墙大样图

开合柜式电视墙图纸

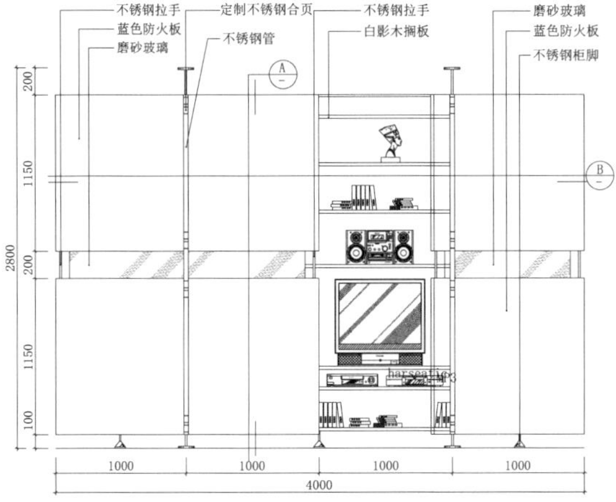

电视墙立面图

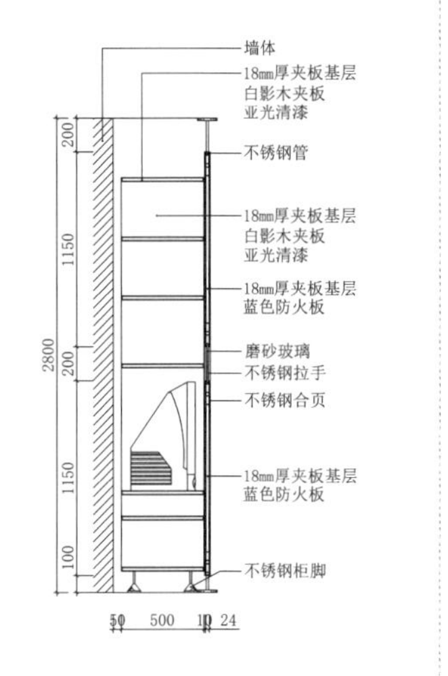

电视墙剖面图

组合柜式电视墙图纸

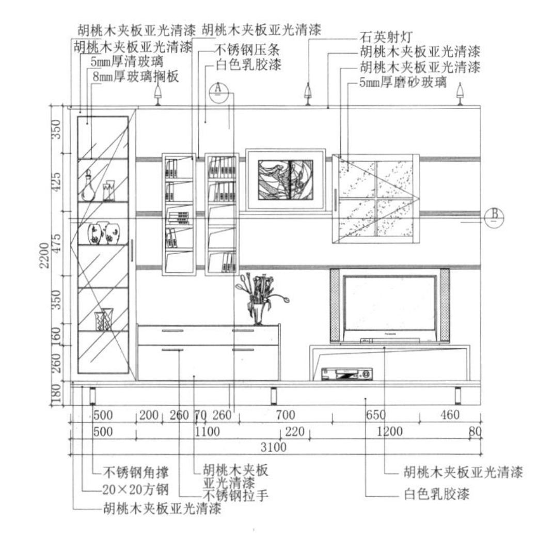

电视墙立面图

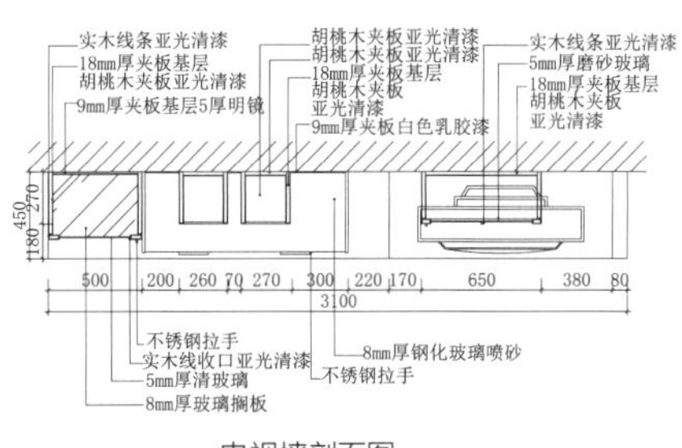

电视墙剖面图

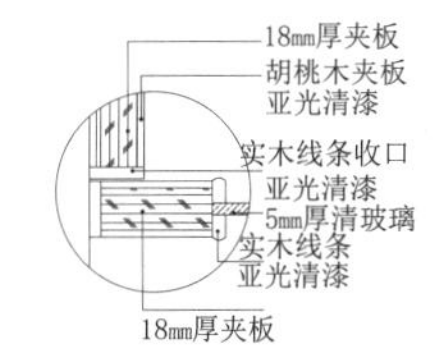

电视墙大样图

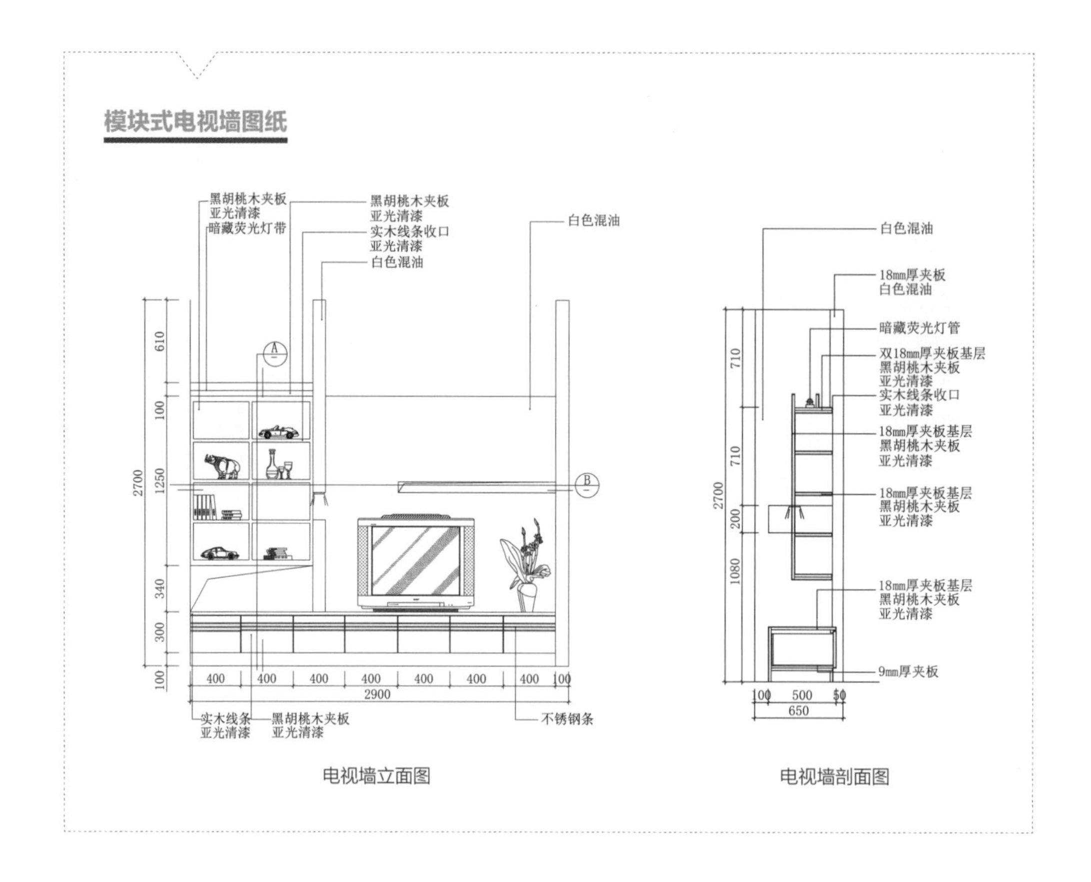

2. 电视墙柜常见设计产品

定制电视墙多以组合柜的形式出现，然后利用不同的饰面材质，搭配玻璃、油漆等形式出现。一些欧式、美式风格的电视墙，则有精致的雕花造型、动感的欧式线条，充满设计感。

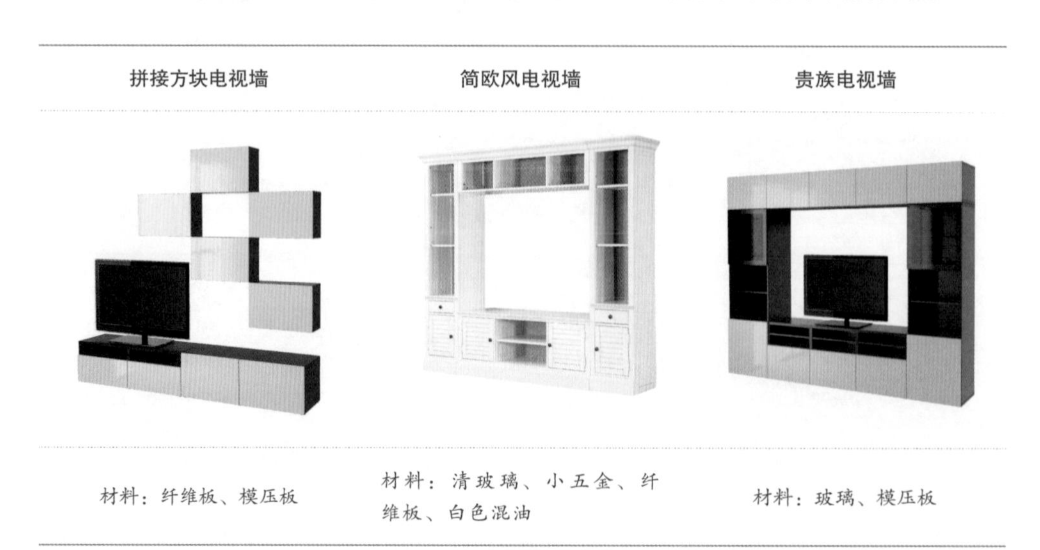

拼接方块电视墙	简欧风电视墙	贵族电视墙
材料：纤维板、模压板	材料：清玻璃、小五金、纤维板、白色混油	材料：玻璃、模压板

乡村风电视墙	现代风电视墙	文艺青年电视墙

材料：红木、做旧油漆	材料：模压板、纤维板	材料：黑漆金属、模压板、黑木纹饰面

美式风电视墙	书架式电视墙	内嵌式电视墙
	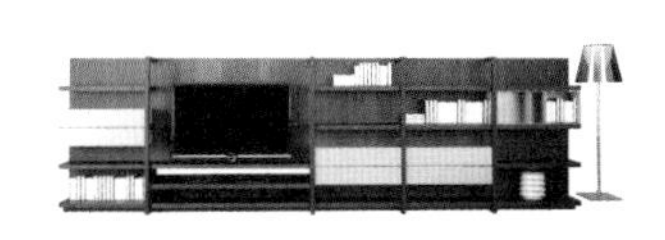	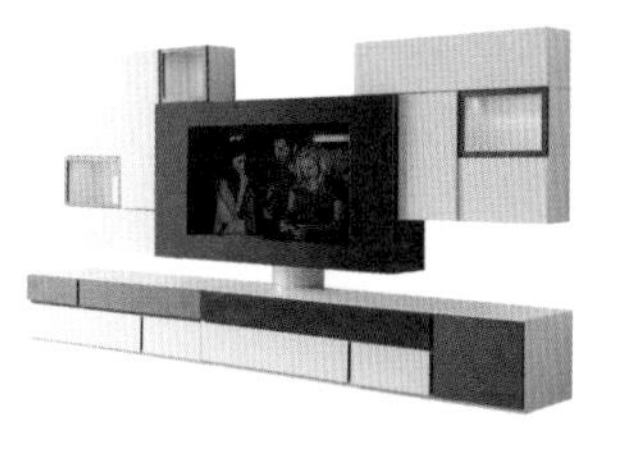
材料：檀木、做旧油漆	材料 : 红橡木饰面、纤维板	材料：模压板、木纹饰面

内嵌式电视墙

设计建议：

在墙面允许的情况下，设计内嵌式的组合柜电视墙，可有效地节省空间，减少占地面积。同时，方格式的内嵌柜体，提升了电视墙的实用性。

书架式电视墙

设计建议：

将满面电视墙的上半部分设计为书架，下半部分设计为开合门柜体，可将电视墙充分地利用起来。在定制化的生产过程中，也比较好实现。

5.3.2 屏风隔断

屏风隔断指专门用来分隔空间、划分区域的产品。传统意义上，所谓隔断是指专门分隔空间的不到顶的半截立面；而在如今，许多有形隔断却由定制家具充当，一般如定制屏风、展示架等，这样的隔断既能打破固有格局、区分不同性质的空间，又能使居室环境富于变化、实现空间之间的相互交流。

1. 屏风隔断常见图纸

制作定制屏风隔断的图纸，重点在于把控隔断的合理宽度和通透度。宽度的制定需根据具体的空间尺寸，而通透度的设计则要利用材质、造型来实现。

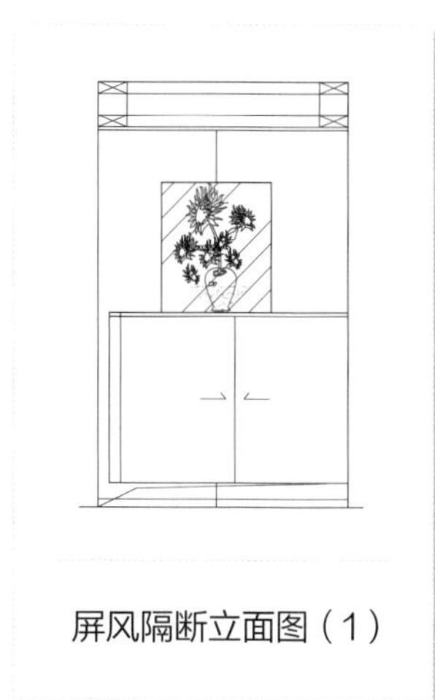

屏风隔断立面图（1）

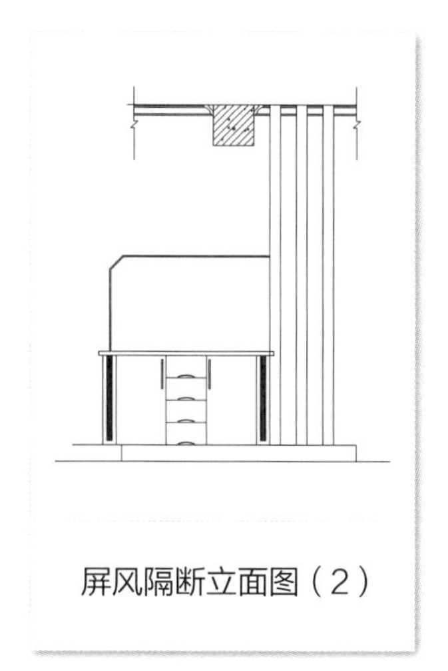

屏风隔断立面图（2）

屏风隔断立面图（3）

屏风隔断立面图（4）

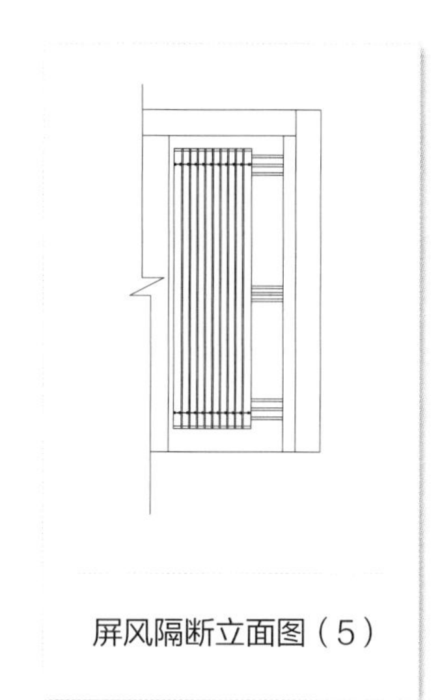

屏风隔断立面图（5）

屏风隔断立面图（6）

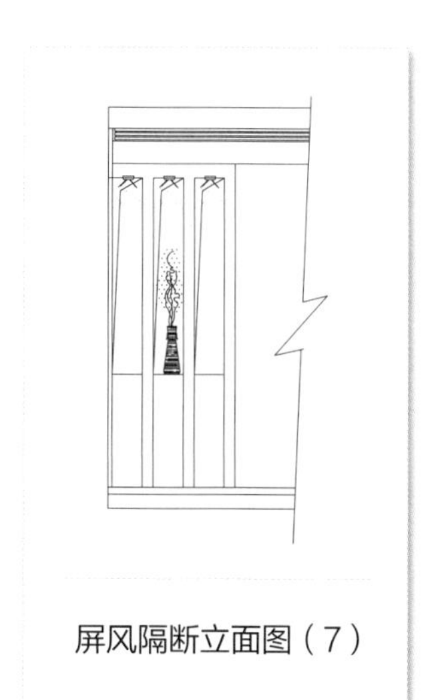

屏风隔断立面图（7）

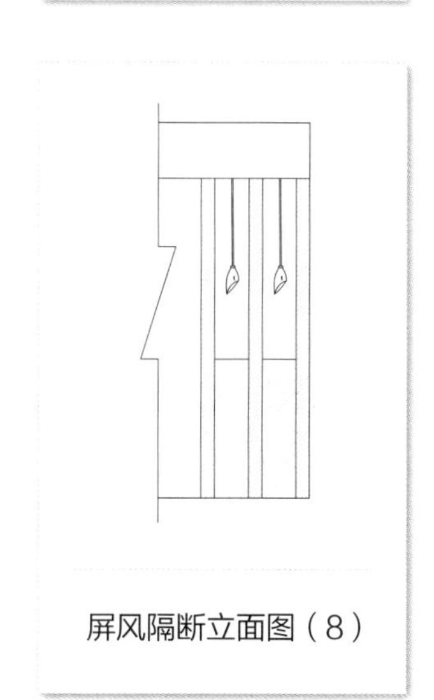

屏风隔断立面图（8）

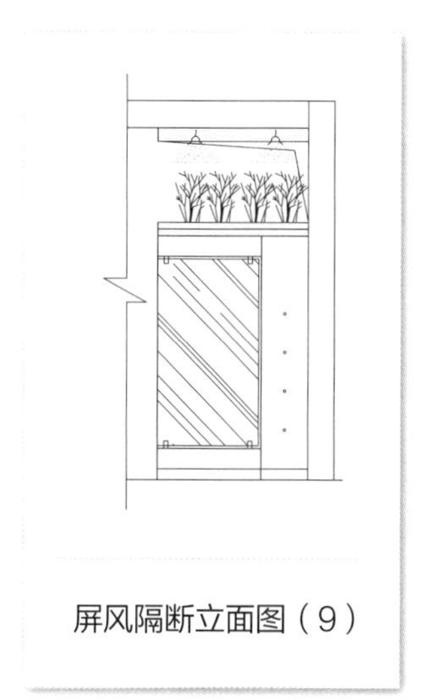

屏风隔断立面图（9）

屏风隔断立面图（10）

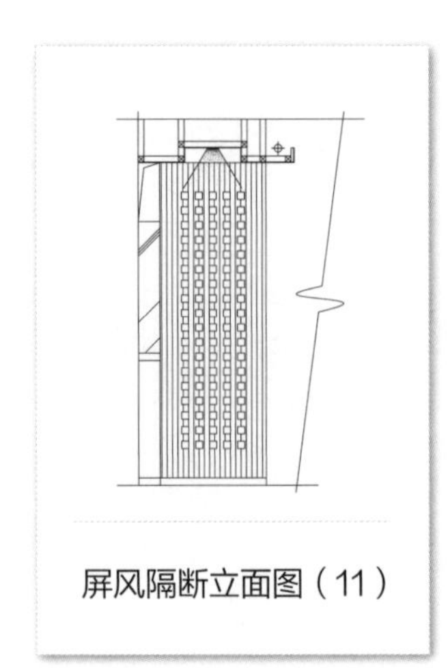
屏风隔断立面图（11）

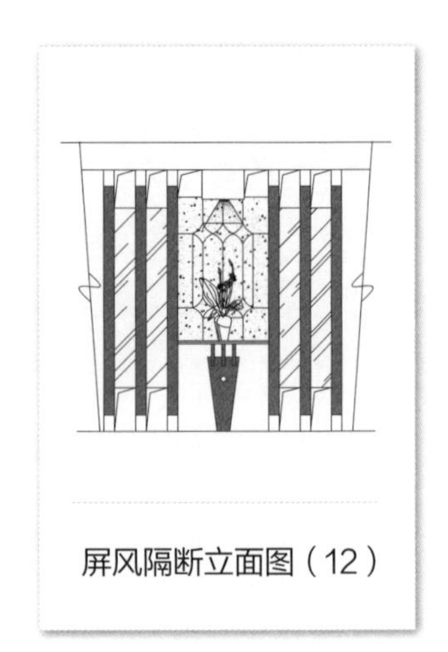
屏风隔断立面图（12）

2. 屏风隔断常见设计产品

定制屏风隔断的类型大致分两种，一种是传统的屏风，仅起到分隔空间作用；另一种隔断柜，起到分隔空间作用的同时，可置物、可收纳，实用性较强。

置物隔断柜	日式隔断柜	中式古典隔断柜
材料：天然木材、做旧油漆	材料：柚木、清漆	材料：五金件、红木
简约风屏风	**古董隔断柜**	**折叠屏风**
材料：枫木、清漆	材料：黑色油漆、木纹饰面	材料：白枫木、五金合页

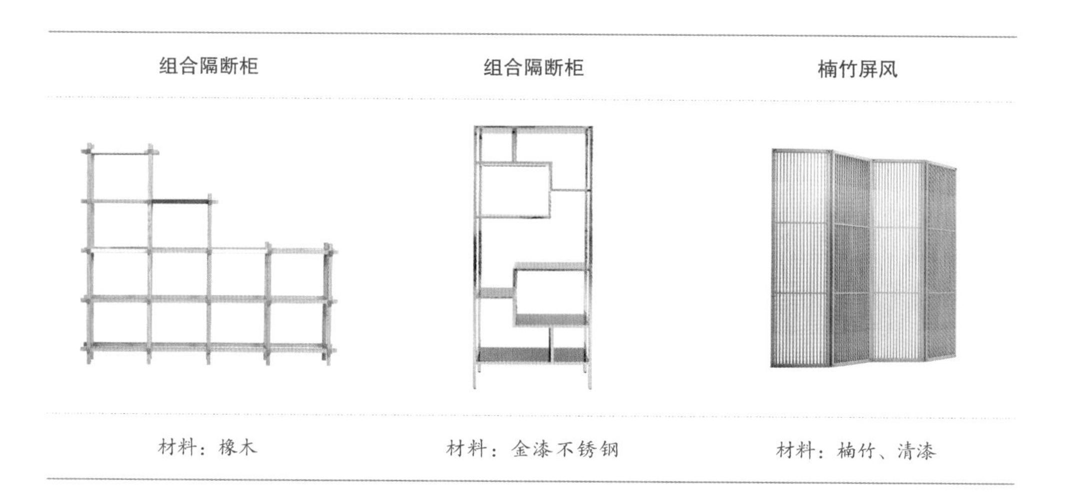

组合隔断柜	组合隔断柜	楠竹屏风
材料：橡木	材料：金漆不锈钢	材料：楠竹、清漆

新中式雕花格隔断

设计建议：

新中式雕花格的制作工艺不像中式古典的一样复杂，更符合定制化设计。简单的雕花格造型，不仅起到分隔空间的作用，同时还有着良好的装饰性。

做旧上下固定式隔断

设计建议：
采用上下固定式的隔断有更好的牢固度。在设计时，隔断的高度尺寸是关键，需要去掉地板的厚度、石板吊顶下掉的高度。

5.3.3 壁架

壁架指家具中依壁悬挂的架格。其样式繁多，可根据壁面大小使用要求而制造。其中，成品壁架的尺寸、大小以及样式比较固定，不能根据消费者的家居环境而进行改变。而定制壁架的完全以消费者的个性化需求为主导，设计样式、尺寸大小与家居环境搭配比较理想。

1. 壁架常见图纸

构建定制壁架图纸，需要先将具体的墙面尺寸画出来，然后根据墙面的比例，合理地进行壁架结构的创作。这样设计出来的壁架，与空间的结合度高，整体的设计比例更加美观。

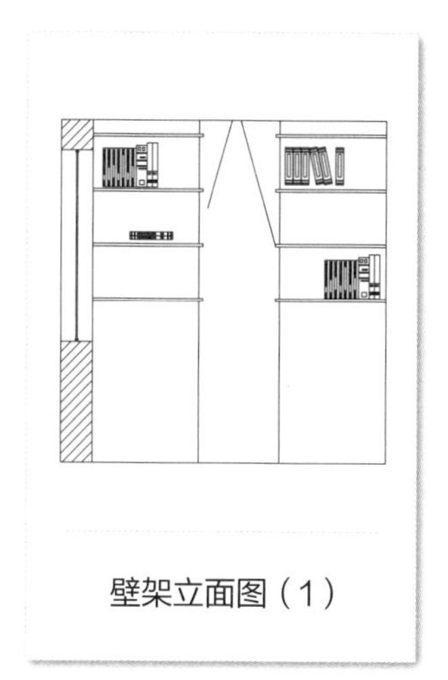

壁架立面图（1）

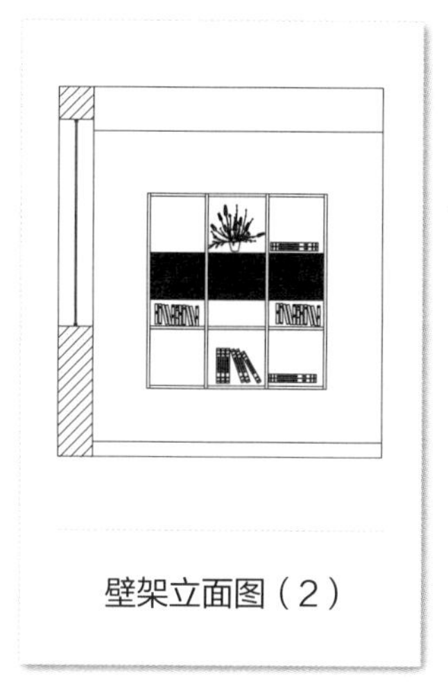

壁架立面图（2）

壁架立面图（3）

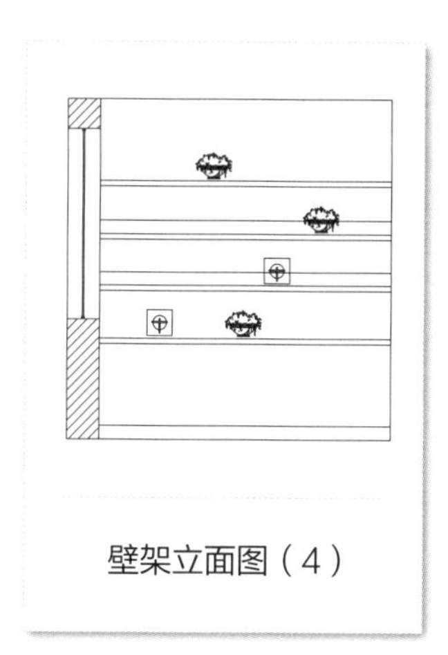

壁架立面图（4）

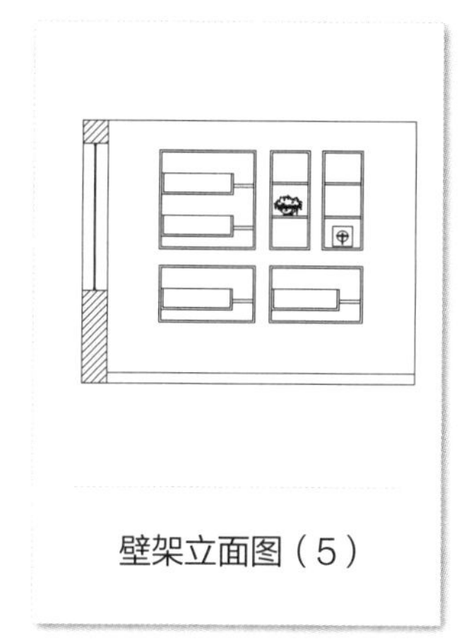

壁架立面图（5）

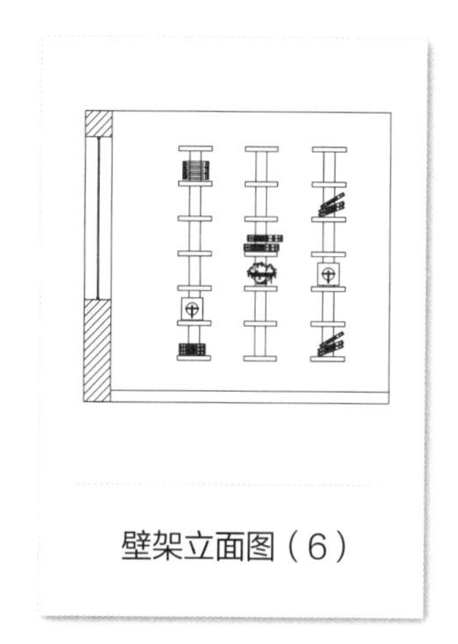

壁架立面图（6）

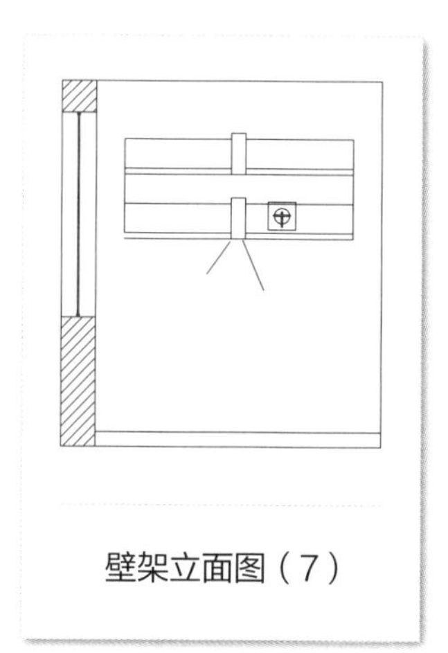

壁架立面图（7）

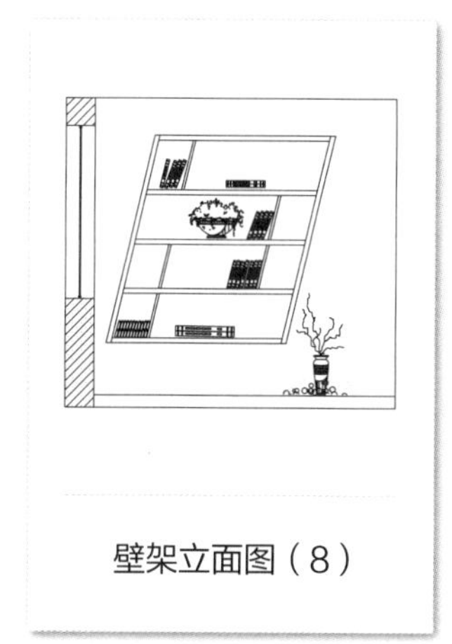

壁架立面图（8）

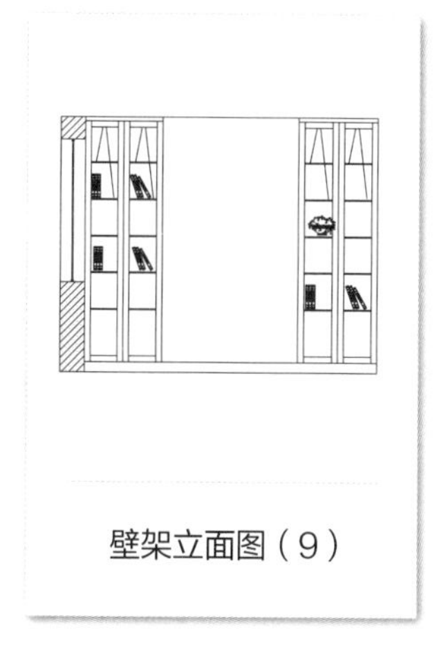

壁架立面图（9）

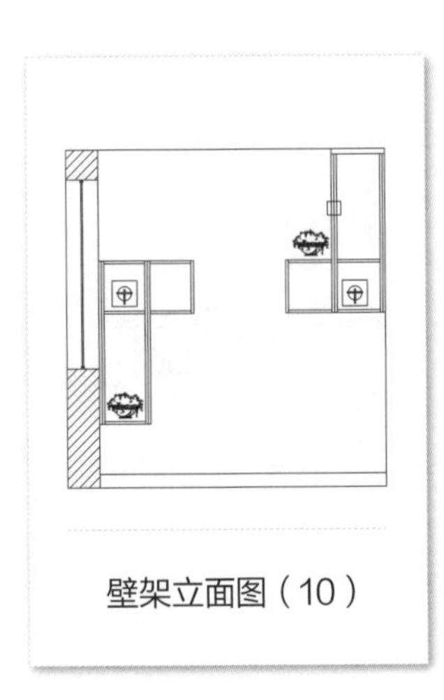

壁架立面图（10）

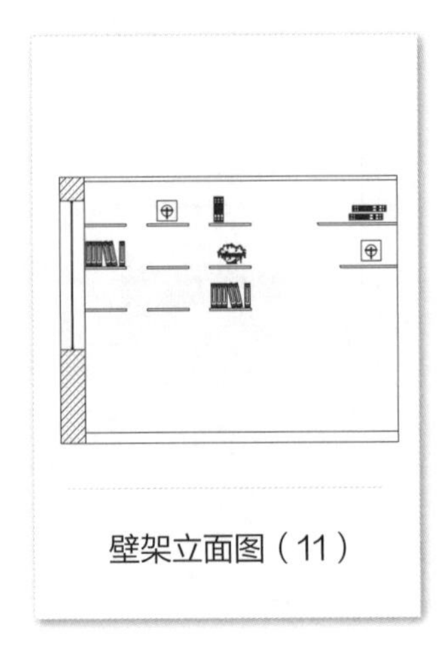

壁架立面图（11）

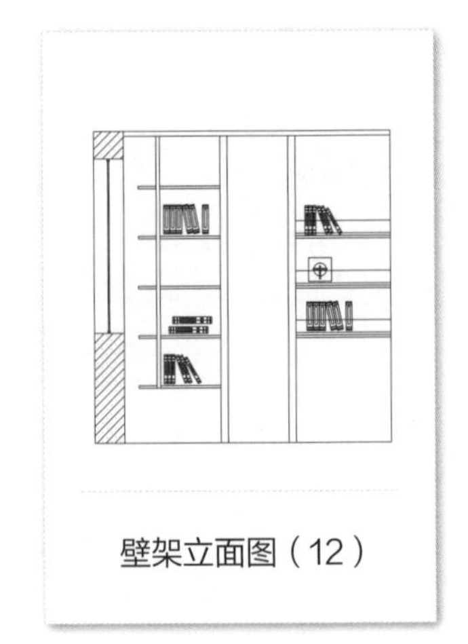

壁架立面图（12）

2. 壁架常见设计产品

定制壁架以木质板材为基础材料，有时会搭配金属、玻璃等材质。在木质板材的结构设计上，以直棱角为主，各别独特产品会采用弧形工艺设计。定制壁架的整体设计，给人以精致感，具有实用性和软装饰作用。

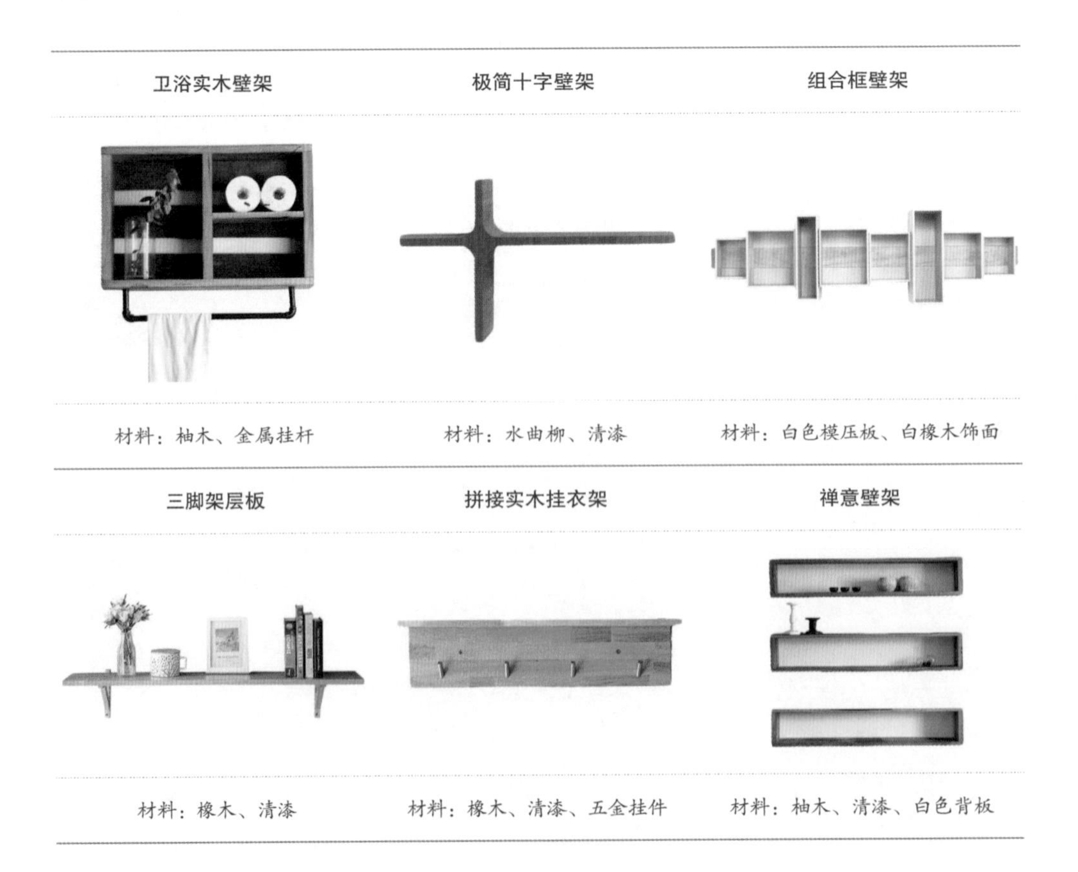

卫浴实木壁架	极简十字壁架	组合框壁架
材料：柚木、金属挂杆	材料：水曲柳、清漆	材料：白色模压板、白橡木饰面
三脚架层板	拼接实木挂衣架	禅意壁架
材料：橡木、清漆	材料：橡木、清漆、五金挂件	材料：柚木、清漆、白色背板

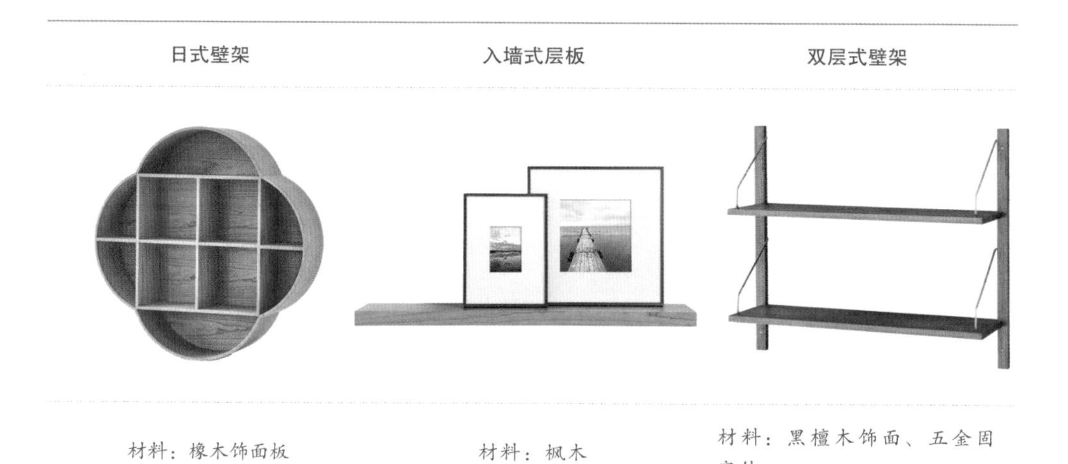

日式壁架	入墙式层板	双层式壁架
材料：橡木饰面板	材料：枫木	材料：黑檀木饰面、五金固定件

儿童房壁架

设计建议：

设计在儿童房的定制壁架，需采用实木材质，以保证壁架的环保度。同时，尺寸设计上不可过大，安装高度不可过高。

原木色实木层板

设计建议：

当嵌入墙体式层板的长度超过 2 米时，必须采用实木材质，同时内部需要增设膨胀螺栓。

第 6 章

全屋定制产品设计案例

客厅定制产品：电视柜、电视墙、茶几、沙发

餐厅定制产品：餐桌椅、酒柜、餐边柜

卧室定制产品：床、床头柜、衣柜、衣帽间、梳妆台

书房定制产品：书桌、书椅、书柜、壁柜、休闲沙发

厨房定制产品：橱柜、小巧移动式橱柜、岛台、吧台

卫生间定制产品：洗手柜、高级定制洗手柜、浴室架

玄关定制产品：隔断柜、玄关鞋柜、装饰柜

6.1 客厅定制产品

客厅定制产品包括沙发、茶几、角几、墙面木作造型以及电视柜等。其中沙发、茶几一类属于高级定制产品，很少批量生产；电视柜、墙面木做造型一类属于常规定制产品，样式多、品种全，可批量生产。

采用全屋定制方案的客厅，在设计上拥有高度的统一性，每一件家具或沙发的摆放，都与空间设计相融合，不会出现家具样式好看，却不适合空间的情况。

1. 定制产品

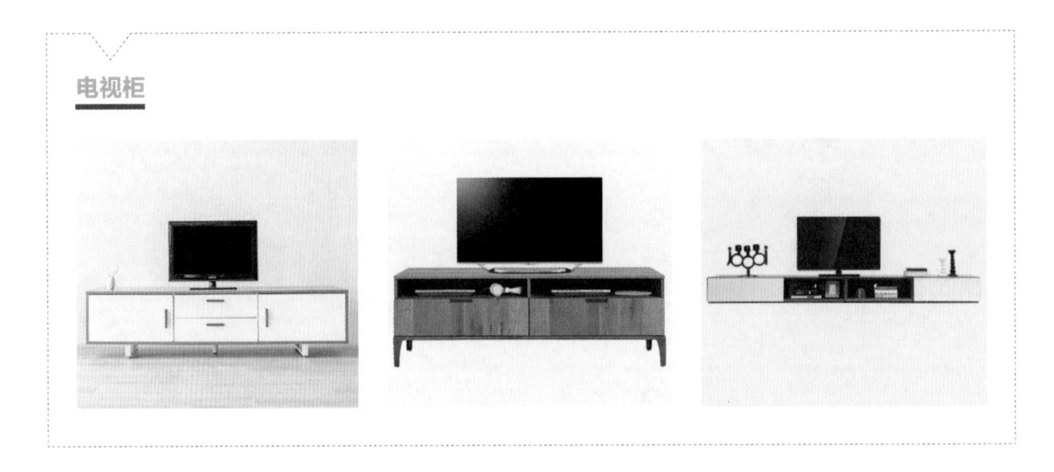

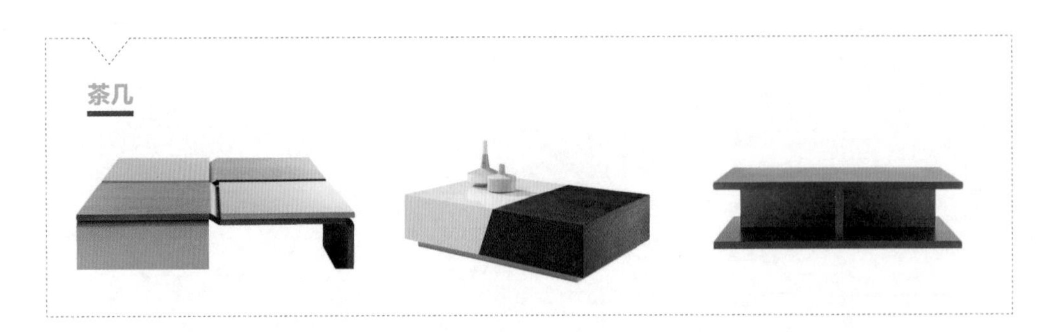

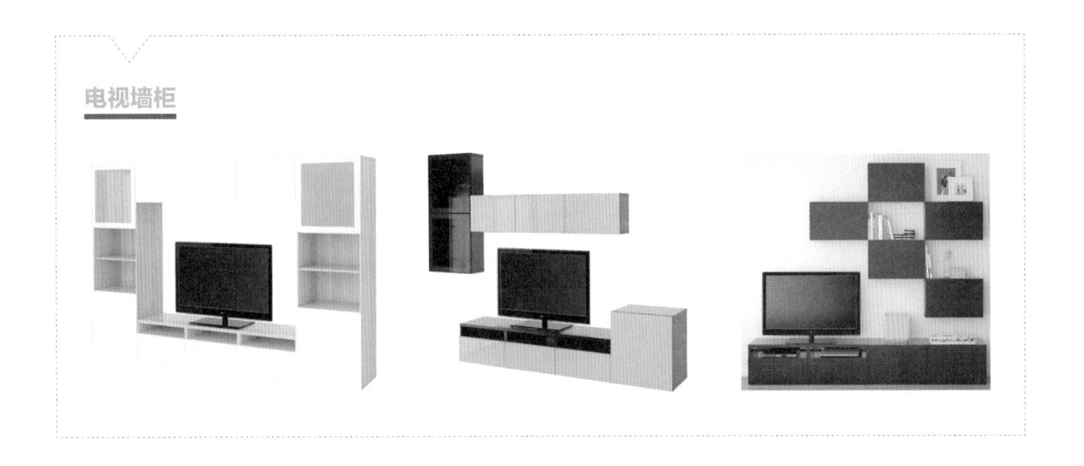

2. 实景案例分析

客厅案例（1）

定制产品及材料说明：

电视墙柜：橡木饰面、黑漆不锈钢支架、爵士白大理石台面。

护墙板：白枫木饰面、纤维板。

设计建议：

1. 电视背景墙是客厅的设计主题，因此护墙板的木饰面颜色，要浅于主题墙柜体的颜色。
2. 电视墙柜体的面积，占背景墙总面积的1/3会有不错的设计效果，不会产生压抑感。

客厅案例（2）

定制产品及材料说明：

电视墙柜：枫木饰面、白色混油、实木颗粒板。

茶几：枫木饰面、黑檀木饰面、密度板。

设计建议：

1. 米色木纹柜与白色乳胶漆墙面的搭配，是经典的定制墙面设计案例。
2. 茶几与电视墙柜采用同样的木饰面，并从中体现出区别，可提升客厅设计的统一性，又不失变化。
3. 地面设计木地板时，其颜色需比墙面柜的颜色深。

客厅案例（3）

定制产品及材料说明：

电视柜：橡木饰面、白色混油、实木颗粒板。

茶几：黑檀木饰面。

弧形隔断：檀木饰面。

设计建议：

1. 弧形檀木饰面隔断需要高级定制，其制作工艺较为复杂。
2. 电视柜与黑镜设计为一个整体，成为电视墙装饰的一部分，提升了设计的变化性。

客厅案例（4）

定制产品及材料说明：

沙发背景墙柜：花梨木饰面、黑檀木饰面、纤维板。

茶几：花梨木饰面、米色皮革。

设计建议：

1. 沙发墙柜内若设计射灯或暗藏灯带，则柜体隔板的厚度需保持在40毫米以上，方便内部走线。
2. 茶几采用圆形，与方形的沙发墙柜形成设计对比，提升了客厅的柔和度。

客厅案例（5）

定制产品及材料说明：

电视墙柜：花梨木饰面、黑檀木饰面、纤维板。

暗藏式墙柜：仿皮纹饰面、花梨木饰面、柜体五金件。

茶几：白枫木饰面、灰色皮革。

设计建议：

1. 带有弧度的电视墙柜，采用内凹的设计形式，可有效减少柜体外凸的距离，弱化柜体太多所带来的压抑感。
2. 在暗藏式墙柜的表面，设计仿皮纹饰面，从外面看不出柜体的形状，起到了良好的隐蔽性。

客厅案例（6）

定制产品及材料说明：

沙发：灰色棉麻布、黑檀木饰面、纤维板。　**单人座椅：**胡桃木、米色绒布。

茶几：柚木、黑漆金属。

设计建议：

1. 小面积的客厅很适合定制沙发，其原因是节省空间面积。上述案例中，定制沙发没有任何多余造型，甚至没有设计扶手，因此才能设计为三人座沙发。普通情况下，这种小面积客厅只能摆放下两人座沙发。

2. 圆形的茶几在保证使用面积的情况下，不会像长方形茶几那样占用许多客厅面积，因此适合设计在小面积客厅。

客厅案例（7）

定制产品及材料说明：

电视墙柜：布纹模压板、柚木、纤维板。

电视柜：柚木、白色模压板。

电视墙造型：白枫木饰面、黑镜、黑漆不锈钢。

设计建议：

1. 电视背景墙采用木饰面设计，有着舒适的柔和度，可弱化地砖带来的硬朗感。在设计时，若木饰面的面积较大，则适合搭配浅色木纹；若木饰面的面积较小，则适合搭配深色木纹。

2. 电视墙柜和电视柜采用了相同的柚木，使两者在设计上形成了呼应，提升了客厅设计的整体性。

客厅案例（8）

定制产品及材料说明：

电视墙柜：橡木饰面、黑色模压板。

设计建议：

1. 定制嵌入式电视墙柜，一般深度达到300毫米以上才会有不错的设计效果。
2. 采用黑色模压板为柜体框架，橡木饰面为柜门的墙柜设计形式，有着较强的现代风设计感。

6.2 餐厅定制产品

餐厅定制产品包括餐桌椅、酒柜、餐边柜、护墙板等。其中，餐桌椅涉及的材质比较丰富，有木制板材、玻璃、布艺以及皮革等，而酒柜和餐边柜则多以木制板材为主。若采用人造板定制的酒柜或餐边柜，结构变化丰富但细节欠缺精致；而采用实木定制的酒柜或餐边柜，多设计雕花造型，以突出柜体的尊贵质感。

1. 定制产品

餐桌椅

酒柜

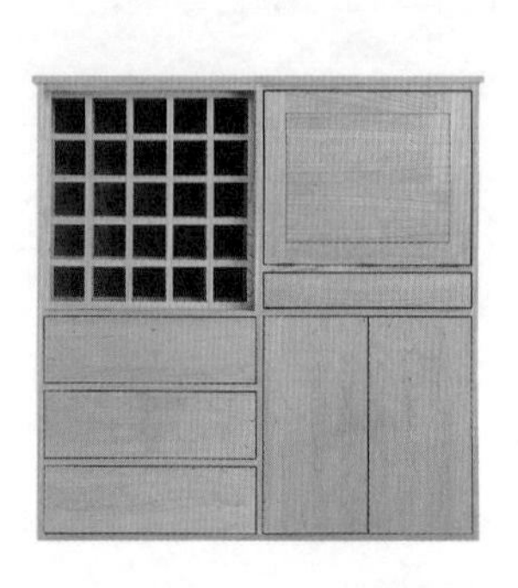

餐边柜

2. 实景案例分析

餐厅案例（1）

餐厅案例（2）

定制产品及材料说明：

餐边柜： 灰色烤漆柜门、黑色亚克力台面。

壁挂层板： 纤维板、灰色饰面。

餐桌椅： 檀木、米灰色皮革。

设计建议：

1. 烤漆门板的餐边柜有着较高的性价比，有清洁方便、简洁大方的特点。

全实木的餐桌椅，定制工艺并不简单，其技术难点体现在圆润的边角处理上。因此，只要边角工艺处理得当，这种餐桌可大批量生产，且会有不错的市场反响。

定制产品及材料说明：

餐桌椅： 清漆、榉木。

百叶餐边柜： 清漆、榉木。

竹编吊灯： 文竹、亚克力灯。

设计建议：

1. 榫卯结构的餐桌椅，具有天然环保、无污染等特点。同时，原木色调继承了榉木材料的自然气息。

2. 百叶门餐边柜有着良好的透气性，其定制材质与餐桌相同，提升了餐厅设计的统一性。

3. 竹编吊灯需要高级定制，采用可编织弯曲的文竹制作而成。

定制产品及材料说明：

现代酒柜：白胡桃木饰面、黑胡桃木饰面、纤维板。

设计建议：

布满墙面的酒柜由三部分组成，分别是背景板、柜体以及层板。背景板用来装饰，可在上面挂画、前面摆放餐边柜等；柜门用来收纳物品，将一些不用的物品存放在其中；层板用来摆放酒器、红酒或是工艺品等。

餐厅案例（3）

餐厅案例（4）

定制产品及材料说明：

餐边柜：榆木饰面、米灰人造大理石、黑色玻璃。

设计建议：

1. 餐边柜存在两个功能，一是存放物品，二是充当电视墙功能。
2. 层板加抽屉的结构，可增加餐边柜的功能性，抽屉用于收纳一些小物件、不常用的物品，层板用来摆放工艺品。
3. 外部采用人造石包裹，内部设计柜体，可提升餐边柜的稳固度，外部的人造石材也易于打理。

定制产品及材料说明：

餐厅多功能柜：白色混油、纤维板、爵士白大理石台面、黑漆金属、茶镜。

设计建议：

1. 不采用任何装饰造型的柜门，具有生产工艺简单、制作周期短的特点。表面涂刷白色混油，耐磨、耐用，与墙面的融合度出色。
2. 黑漆金属倒挂吊柜的形式，充满现代设计感，为单调的餐厅多功能柜，提升了设计趣味性。

餐厅案例（5）

餐厅案例（6）

定制产品及材料说明：

餐边柜：水曲柳木、黑漆金属支架、芝麻黑大理石台面。

酒柜：水曲柳木、黑镜。

设计建议：

1. 没有设计到顶的餐边柜有着良好的通透性，充当了一部分隔断的功能，将餐厅与过道分隔开来。
2. 全实木的酒柜有着真实的质感，背景大面积的设计玻璃，弱化了酒柜的压抑感。

餐厅案例（7）

定制产品及材料说明：

餐桌：橡木、浅啡网大理石、鹅卵石、白色混油、金属雕花格。

设计建议：

叠级式餐桌设计有着丰富的装饰美感，橡木桌面坚固、耐划，质感舒适。而采用浅啡网大理石砌筑的景观池，不用担心水池侵蚀木材的问题。这种定制餐桌，对餐厅面积要求较高，小面积的餐厅无法定制出来。

餐厅案例（8）

定制产品及材料说明：

餐桌：拼接水曲柳、清漆。

餐边柜：白枫木饰面、纤维板、黑漆金属。

设计建议：

1. 一体式餐厅与厨房的空间，餐桌设计为叠级式的，可以使一部分提供给厨房做岛台，另一部分做餐桌使用。

2. 悬空式的餐边柜，上部需要金属框架做固定，这样可以保证柜体的稳固度。

餐厅案例（9）

定制产品及材料说明：

餐桌：白橡木、黑漆金属。

餐椅：白橡木、黑色模压板、灰色高分子塑料。

设计建议：

1. 长凳式餐椅具有占地面积小，利用率高的特点，相比较对面的两个单人座椅，上面可容纳三个人同时进餐。

2. 长凳的座位设计细节，应中间内凹，外侧凸起，幅度不需很大。这种设计符合人体功能学，在不铺设坐垫的情况下，也会感觉到很舒适。

6.3 卧室定制产品

卧室定制产品包括床、床头柜、衣柜、衣帽间以及梳妆台等。其中，衣柜和衣帽间所占的比重较大，几乎每一个家庭都会选择定制化服务，尽可能地将储物空间最大化、设计样式私人化。

床与床头柜是一个整体，在定制设计过程中，需保持设计的连续性与继承性，床的定制需中规中矩，床头柜的定制则突出多样性、个性化。

1. 定制产品

衣帽间

梳妆台

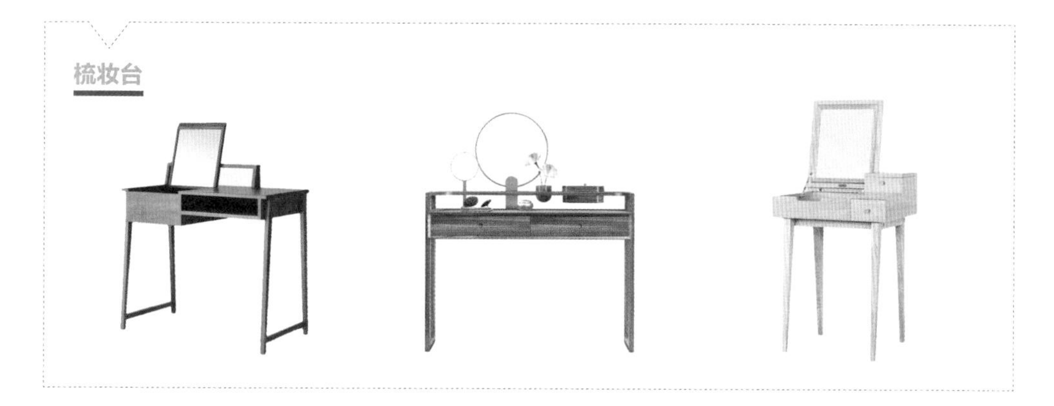

2. 实景案例分析

卧室案例（1）

定制产品及材料说明：

床边柜：白色混油、细木工板、实木线条。

设计建议：

1. 当柜体的设计样式单一，又没有好的解决办法时，可选择在柜体的边角处加装实木线条，以增加柜体的设计感。

2. 卧室面积窄小，地柜不适合安装开合门，会影响使用。

卧室案例（2）

定制产品及材料说明：

黑灰镜面衣柜： 黑灰不透光镜面、红木饰面、纤维板、衣柜五金。

白色移门衣柜： 白色混油、纤维板。

装饰柜： 黑檀木饰面。

亮白床头柜： 白色混油、黑檀木饰面、纤维板。

设计建议：

1. 当卧室有充足的面积时，最好的方式是多设计几组衣柜，增加储物空间。衣柜在样式上可采用连续性或互补性，如上面的案例即采用黑白互补式设计。

2. 床头柜的黑白组合是两个衣柜之间的过渡家具，使两组衣柜的设计形成自然的过渡。

3. 装饰柜的抽屉门采用了歪斜式的设计，使原本设计样式简洁的装饰柜，增添了现代的设计感。

卧室案例（3）

定制产品及材料说明：

床头墙衣柜： 白色混油、纤维板、榉木饰面。

电视墙衣柜： 白色模压板、青玻璃、米色布帘、红松木背板。

设计建议：

1. 榉木饰面设计在床头墙衣柜的中间部分，起到了装饰作用，内部设计的暗藏灯带可作为床头灯使用。

2. 电视墙衣柜没有采用传统的柜门，是为了弱化卧室的硬朗感，采用木色布帘，即增添了卧室的舒适柔和感。

定制产品及材料说明：

床头背景墙柜：白色模压板。

衣柜及书柜：白色模压板、铝合金拉手。

设计建议：

卧室采用全屋定制的情况下，床、床头柜、衣柜和书桌可融合在一起，如将床头柜嵌入在床头墙柜中，衣柜和书桌连接在一起等。这种定制设计，可节省出大量的卧室面积，并在里面融合多种功能。

卧室案例（4）

卧室案例（5）

定制产品及材料说明：

整体衣柜： 胡桃木饰面、实木颗粒板、不锈钢条。

墙角柜： 胡桃木饰面、实木颗粒板、黑镜。

设计建议：

1. 设计在门侧的墙角柜，距离门边距离需保持在100毫米以上，并在柜体上设计门吸。
2. 在满铺胡桃木的衣柜表面，设计不锈钢装饰条，可提升衣柜的装饰性与活跃性，避免定制衣柜容易出现呆板枯燥的设计特点。

衣帽间案例（1）

定制产品及材料说明：

衣帽间： 橡木饰面、实木颗粒板、衣柜五金、绸缎拉帘、仿布纹护墙板。

设计建议：

1. 封闭式的衣帽间，不需要设计衣柜，可采用布帘替代柜门。
2. 衣帽间的内部结构应尽可能地多样化，以提升功能性，如增设抽屉、层板、隔间、挂衣架等。

衣帽间案例（2）

定制产品及材料说明：

衣帽间：胡桃楸木饰面、黑漆亚光金属、试衣镜。

设计建议：

1. 胡桃楸木饰面的色彩略深，因此在衣帽间中设计暗光灯带以补充柜内照明。在白色灯光的照射下，整体呈现出尊贵、高档的设计感。
2. 推拉式的试衣镜安装在柜体的门板处，充当了一部分柜门的作用。同时，大面积的试衣镜拓展了衣帽间的视觉张力，化解了空间狭长的问题。

衣帽间案例（3）

定制产品及材料说明：

衣帽间：白色混油、纤维板、金属拉手、五金配件。

设计建议：

1. 衣帽间的定制设计，需集合多种功能，如挂衣架、储物柜、抽屉和梳妆台等。储物柜设计在上面，挂衣架设计在中间，抽屉设计在中间以及下面，梳妆台设计靠近门口的位置。
2. 带有开合门的封闭式衣帽间，不需要设计衣柜帘或柜门。如果衣帽间为半封闭式的，则需要设计衣柜帘或柜门，防止积落灰尘。

6.4 书房定制产品

书房定制产品包括书桌、书椅、书柜、壁柜、休闲沙发等。其中，书柜的占地面积较大，通常有敞开式和门板式两种设计；书桌、椅通常为一个整体进行定制设计，书桌的设计则以尺寸大、抽屉多等实用功能为主，而书椅则偏重于舒适的和设计的美感度；壁柜通常以点缀的形式设计在书房的墙面中；休闲沙发则双人沙发和单人沙发为主，以占地面积小、提供暂时性的休息为主。

1. 定制产品

书桌

书椅

书柜

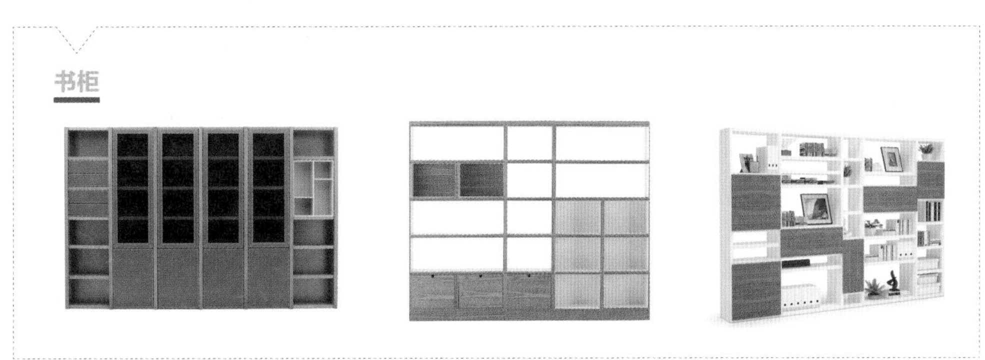

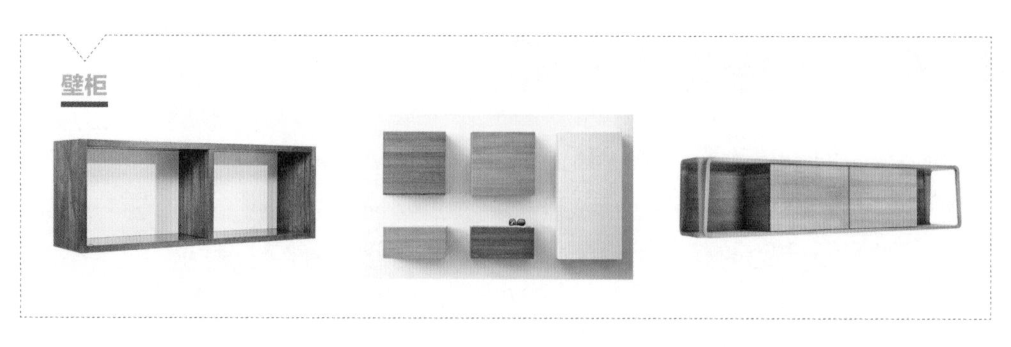

2. 实景案例分析

书房案例（1）

定制产品及材料说明：

整墙书柜：白色混油、纤维板、橡木。

极简书桌：橡木、拉丝金属。

设计建议：

1. 满墙的书柜设计，充分地利用了书房的空间。书柜内部为橡木结构，外侧设计了白色混油的门板，其目的是对书籍起到保护作用，防止积落灰尘。

2. 橡木的质地硬、纹理自然，适合作为书桌的台面。同时，拉丝金属的支架精致而细腻，从远处看，似一块橡木漂浮在空中。

书房案例（2）

定制产品及材料说明：

简易书柜：白色混油、纤维板、不锈钢支架。

简易书桌：白色人造石材。

高分子塑料椅：白色高分子塑料、黑漆金属、枫木。

设计建议：

1. 当书房面积小，格局不合理时，适合设计靠墙式书桌。此类书桌可采用人造石材设计而成，有较高的耐磨度、坚固度，唯一的问题是台面较凉，没有木质材质温暖。

2. 层板挂墙式书柜，需设计不锈钢支架，作为重点支撑，保证书架的稳固度。

书房案例（3）

定制产品及材料说明：

高级定制书桌椅：柚木、清漆、布艺饰面、皮革坐垫。

装饰性书柜：亮面不锈钢、茶镜、白枫木饰面、纤维板、啡网纹大理石。

原木茶几：橡木、清漆。

设计建议：

1. 书桌采用柚木结构搭配布纹饰面的形式，设计出了低调高贵的质感。搭配同系列的书椅，整体感很强，是书房内的设计亮点。
2. 书柜整体的造型富于装饰性，运用的材料丰富，但适合摆放书籍的地方并不多。
3. 小巧精致的橡木茶几，同时也可作为角几使用。其生产工艺并不复杂，适合大批量的生产。

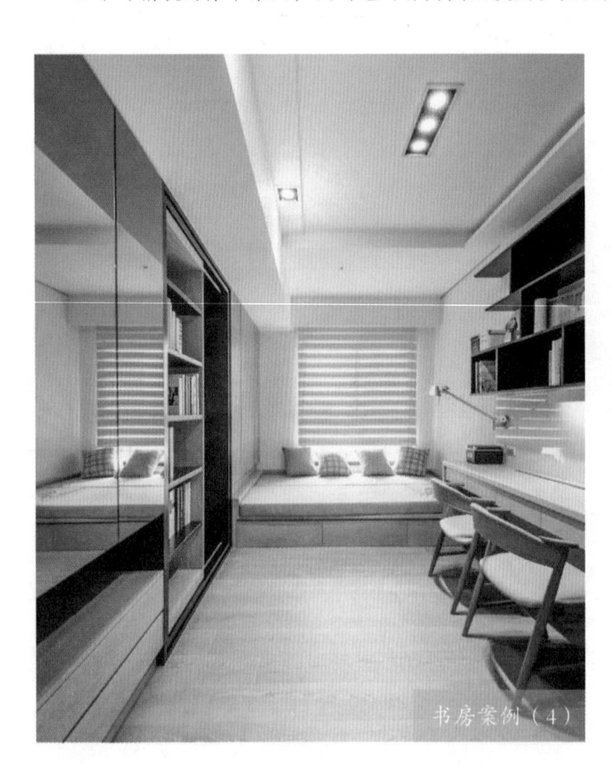
书房案例（4）

定制产品及材料说明：

书柜：橡木饰面、黑檀木饰面、银镜。

书桌：橡木。

书椅：橡木、米色皮革。

地台：橡木饰面、纤维板、灰色布艺。

壁柜：黑木纹模压板。

设计建议：

1. 书房采用米黄色橡木为基础材料，使书柜、地台、地板、书柜、书椅形成统一的设计感，视觉效果舒适自然。
2. 定制书柜设计不适合采用单一的木材，会略显单调。通常设计两种以上的木材会有不错的设计美感，如案例中的橡木与黑檀木。

书房案例（5）

定制产品及材料说明：

书桌：黑檀木饰面、黑纹皮革。

书椅：米色皮革、不锈钢、黑漆实木。

墙边柜：黑网纹大理石、黑檀木饰面、纤维板。

书柜：黑网纹大理石、黑檀木饰面、纤维板、茶镜。

设计建议：

1. 书房内所有定制家具均采用黑檀木饰面作为基础材料，然后搭配石材、镜面、皮革等材质，形成了风格统一、内敛奢华的书房空间。

2. 嵌入式书柜可节省书房面积，保持墙面的整体性。但需注意，定制嵌入式书柜，进深需保持在300毫米以上。

3. 黑檀木饰面、黑网纹大理石等均为深色材质，容易带给书房压抑的设计感。因此，在书柜中、墙面中设计镜面材质，可化解这一尴尬问题。

书房案例（6）

定制产品及材料说明：

书柜：白色混油、纤维板、灰木纹饰面。

书桌：黑檀木饰面、纤维板、拉丝不锈钢。

书椅：黑白条布艺、黑檀木饰面。

设计建议：

1. 书房设计了三组书柜，书桌一侧满墙书柜，钢琴一侧组合书柜，均采用了同样的制作材质、设计造型，形成了呼应。

2. 采用灰木纹外框及门板，白混油内部结构的设计形式，提升了书柜的设计档次，具有舒适的质感。

3. 在书柜整体以浅色调为主的情况下，书桌适合设计深色调木材质，以突出书房设计的主次变化。

定制产品及材料说明：

书柜：白色模压板、白枫木饰面。

书桌：黑色油漆、细木工板。

休闲沙发：白枫木、灰色棉麻。

设计建议：

1. 全木质材料设计的书房，最适合全屋定制，包括里面的书柜、书桌、休闲沙发和墙面造型。其中，书桌所使用的木制材质需要具备坚固、耐磨等特点，最好表面涂刷油漆做保护处理。

2. 定制设计的休闲沙发，高度保持在 40~450 毫米，坐卧最舒适，深度可根据实际情况保持在 0.800~1 米之间。

书房案例（7）

书房案例（8）

定制产品及材料说明：

书柜：胡桃木、清漆。

书桌：胡桃木、白色模压板、清漆、白钢拉手。

设计建议：

1. 挂墙式书柜可节省书房面积，适合设计在面积较小的书房。
2. 当定制书桌的长度超过1.8米时，需在中间增设固定架，以保证书桌的稳固度。

书房案例（9）

定制产品及材料说明：

书柜：水曲柳木饰面、灰镜、石英石、白色模压板。

书桌：橡木、清漆、清玻璃、黑漆金属。

窗边地柜：橡木、清漆。

设计建议：

1. 狭长型的书房，墙面中书柜适合设计颜色较浅的木饰面，避免大面积的深色带给书房压迫感。
2. 书桌的表面铺设清玻璃，可有效保护书桌台面不被划伤，并且具有打理方便的特点。

6.5 厨房定制产品

厨房定制产品以橱柜为主，辅助性地搭配岛台、吧台、层板和墙边柜等产品。橱柜只能由定制完成，在房屋还处于毛坯阶段，便进行量尺、规划、设计，然后再进行下厂制作，最后联系客户上门安装。

橱柜的结构板材以人造板材为主，很少使用实木；在柜门设计上，则会采用实木门板、烤漆门板、模压门板、有机玻璃门板等；橱柜台面通常以石材为主，分为天然大理石、人造大理石、石英石等。

1. 定制产品

橱柜

小巧移动式橱柜

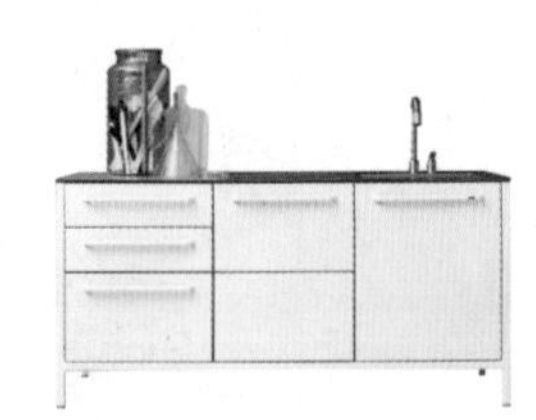

岛台

吧台

2. 实景案例分析

厨房案例（1）

定制产品及材料说明：

橱柜： 白色模压板、实木颗粒板、白色人造石台面、清玻璃、黑漆金属扶手。

设计建议：

1. 平行式橱柜设计对厨房宽度有要求，尺寸至少保持在2.1米以上才可以。两侧设计橱柜后，中间需留有800毫米以上的宽度。
2. 敞开式厨房的橱柜布局，吸油烟机和燃气灶应设计在厨房内侧靠近烟道的位置，洗菜槽则需设计在靠近门口的外侧。
3. 白色模压板具有质量轻、表面容易打理和不怕水浸等特点，适合设计为橱柜的门板。

厨房案例（2）

定制产品及材料说明：

橱柜：烤漆门板、白晶石人造石台面、实木颗粒板。

设计建议：

1. 当厨房整体背景色调昏暗、沉闷时，适合设计白色烤漆橱柜，其高光泽、亮面的材质，具有清洁方便的特点。
2. 若橱柜的长度已经足够日常使用，则可在厨房剩余的空间设计通体柜，或辅助地柜，以增加厨房的收纳功能。

厨房案例（3）

定制产品及材料说明：

橱柜：白色混油、模压板、实木颗粒板、黑晶石大理石台面。

设计建议：

吊柜的厚度一般为350毫米左右，不能超过450毫米。高度可根据设计来决定，一般洗菜槽上方需留出750~800毫米左右的距离，其他部分则可根据实际情况决定。

定制产品及材料说明：

橱柜：白色烤漆门板、实木颗粒板、纯白人造石台面、拉丝铝合金踢脚、亚光铝合金拉手。

冰箱通体柜：黑色烤漆门板、实木颗粒板、拉丝铝合金踢脚。

岛台：黑色烤漆门板及背板、纯白人造石台面。

设计建议：

1. 当厨房的面积较大时，可在厨房的中间设计岛台，将洗菜槽安装在其中，平常用来洗水果。

2. 想要增加厨房的收纳空间，可多设计通体柜。如围绕冰箱设计通体柜，即可将冰箱隐藏在其中，无形中也增加了收纳空间。

3. 岛台的功能设计不应仅限制在厨房使用上，应增设多功能吧台，使其带有一部分餐厅使用功能。

厨房案例（4）

厨房案例（5）

定制产品及材料说明：

橱柜：欧式实木柜门、欧式收边线、亚麻黄人造石台面、清玻璃。

设计建议：

1. 欧式柜门的回字纹造型的侧边上，设计了黑色线条，提升了欧式橱柜的现代感，不至于古板。
2. 设计欧式橱柜时，需在顶角处安装欧式收边线，以丰富欧式橱柜的设计细节。

厨房案例（6）

定制产品及材料说明：

橱柜：实木柜门、实木颗粒板、白色人造大理石、清玻璃、铝合金踢脚线。

设计建议：

1. 青灰绿色的橱柜有着浓郁的田园气息，并且有着不错的装饰性，适合设计在敞开式的厨房。
2. 设计 L 型橱柜常会面临一个问题，即直棱角的台面缺乏安全性。因此，可以将突出部分的橱柜以及台面，设计成圆润的弧度，解决上述问题。

厨房案例（7）

定制产品及材料说明：

橱柜：烤漆柜门、白色人造石台面、铝合金踢脚线。

设计建议：

1. 若橱柜内设计灰黑色的橱柜，则地面、墙面都需要搭配浅色的瓷砖来映衬，来弱化大面积深色橱柜搭配的压抑感，同时突出橱柜的设计主体。
2. 通体橱柜的设计，适合紧挨着冰箱，这样的整体感会很好。同时，将烤箱或微波炉嵌入通体橱柜内，可增加使用的便捷性。

厨房案例（8）

定制产品及材料说明：

橱柜：白色混油、实木柜门、实木颗粒板、白晶石人造石台面。

设计建议：

1. 涂刷亮面油漆的橱柜质感高档，实木柜门采用经典的欧式设计，使厨房呈现出简欧风的设计感。
2. 通体橱柜的设计，其厚度需与地柜保持一致，而不能与吊柜保持一致。

6.6 卫生间定制产品

卫生间定制产品包括洗手柜、浴室架等，以木制材料为结构，搭配石材、金属或玻璃设计而成。其中，洗手柜的定制产品较多，是因为以下几种情况。

①卫生间面积受限制。成品洗手柜的尺寸是固定的，有 600 毫米 ×800 毫米、600 毫米 ×900 毫米、0.6 米 ×1.2 米等几种尺寸，但受限于小面积卫生间的宽度，以上几种洗手柜安装不下，因此需要定制。②干湿分离型卫生间，卫生间干区的尺寸没有固定的标准，因此，若买成品洗手柜摆放在里面，无法和干区尺寸相契合，浪费空间又不美观；③定制型卫生间。这种通常为高端设计，卫生间内涉及木质家具全部采用定制，有良好的设计统一性。

1. 定制产品

2. 实景案例分析

卫生间案例（1）

≫

定制产品及材料说明：

洗手柜：白色模压板、纯白人造石台面、台下盆。

设计建议：

1. 带有弧形墙体的卫生间，洗手柜只有采用定制设计，才能将空间利用起来。
2. 洗手柜设计为悬空形式，距离地面 100 毫米以上，可防止水浸。

卫生间案例（2）

≫

定制产品及材料说明：

洗手柜：柚木、清漆、铝合金拉手、一体式洗手盆、银镜。

设计建议：

1. 柚木质地坚硬，涂刷清漆后有良好的防水性，半悬空的设计可防止接触潮湿的地面。
2. 将墙面镜与洗手柜设计为一个整体，增加了墙面的储物空间，提升了设计的整体性。

卫生间案例（3）

定制产品及材料说明：

洗手柜：橡木、黑色人造石台面、台下盆。

设计建议：

1. 采用拼接设计的橡木柜门，拥有自然的肌理，设计感偏现代，具有防潮、防湿等特点。
2. 洗手柜和浴室柜可根据卫生间的形状，定制为一体式的，这样可以集中储物，节省漫长的柜体制作环节。

卫生间案例（4）

定制产品及材料说明：

洗手柜：白色混油，纤维板、啡网纹、银镜、台上盆。

设计建议：

卫生间干区的洗手盆都需要定制，这样才能与干区的尺寸相吻合。定制式洗手柜可设计开合门、抽屉或者隔板等形式，以增加洗手柜的功能性。镜子的背后可设计柜体，里面存放洗漱用品。

卫生间案例（5）

定制产品及材料说明：

洗手柜：柚木、爵士白大理石台面、不锈钢五金拉手、银镜。

设计建议：

1. 定制悬空式洗手柜，需在墙面两侧设有固定的点，起到支撑作用。
2. 柚木的自然肌理舒适自然，有北欧风设计特点，适合设计在以白色为背景色的卫生间中。

卫生间案例（6）

定制产品及材料说明：

浴室柜：松木、胡桃木饰面、纤维板。

设计建议：

采用整个松木定制设计的浴室柜充满创意，有着艺术般的装饰美感。这种柜体需要高级定制，胡桃木饰面的柜体制作难度不大，而松木立柱则相对难寻觅。

卫生间案例（7）

定制产品及材料说明：

洗手柜：棕红色烤漆、模压板、金线米黄大理石台面、台下盆。

洗浴室：棕红色烤漆、模压板、金线米黄大理石台面。

设计建议：

1. 洗手柜一侧的墙体不平，然而并不影响洗手柜的设计。相反的，因为定制了洗手柜，而化解了墙体不平的尴尬，使卫生间拥有整齐的设计效果。

浴室柜不设计地柜，而设计吊柜与抽屉台面的形式，可最大程度地防止柜体被水侵蚀，从而发生腐烂的情况。

卫生间案例（8）

定制产品及材料说明：

洗手柜：胡桃楸木饰面、纤维板、黑晶石大理石台面。

设计建议：

1. 悬空式洗手柜固定在嵌入式的墙体内，需两侧墙均加固，以保证柜体的稳固度。但是，靠近玻璃的一侧不可以固定，而且需要保持至少 50 毫米的距离。

2. 洗手柜的柜体设计，可由柜体与敞开式抽屉组合而成，抽屉内放日常用到的毛巾、浴巾等，柜体内放置不常用的物品。

6.7 玄关定制产品

玄关定制产品包括隔断柜、玄关鞋柜、装饰柜等，有时也定制鞋柜的座墩、装饰花架等。其中，以玄关鞋柜的产品定制较多，鞋柜的样式通常是到顶的，内部结构涵盖衣柜、鞋柜、置物格等，设计在正对入户门或侧边的墙上；隔断柜有可移动式和固定式两种，其中固定式的材料运用丰富、制作工艺复杂，并需要专门的安装人员上门安装。而可移动式的隔断柜则具有重量轻、样式精致等特点。

1. 定制产品

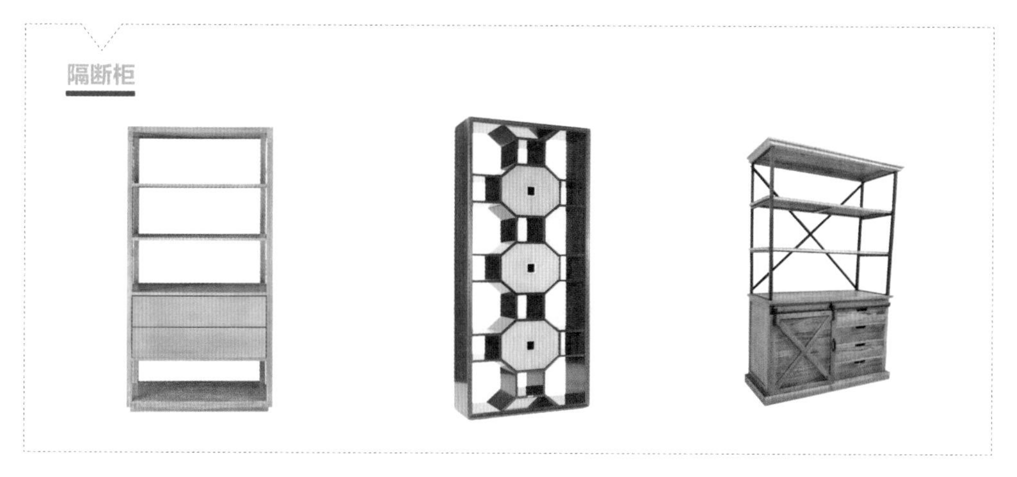

2. 实景案例分析

玄关案例（3）

≫

定制产品及材料说明：

装饰柜：白色模压板、纯白人造石台面、黑漆金属拉手。

设计建议：

1. 在玄关摆放两组相同样式的装饰柜，其设计效果要远好过单独的一个柜子，此即定制家具设计中的重复性，通过重复样式突出设计美感。
2. 简洁的玄关装饰柜，需要装饰品、工艺品来点缀，以丰富空间内的整体设计。

玄关案例（4）

≫

定制产品及材料说明：

装饰柜：红木、油漆、雅士白大理石。

设计建议：

1. 以红木为材质的定制装饰柜，质感高档，有厚重感。在柜体的表面设计雅士白大理石，可弱化装饰柜的深色调，使其与空间的色调相融合。
2. 定制时需注意所摆放位置的尺寸，一般小于墙面宽度 100 毫米比较合适。

玄关案例（1）

定制产品及材料说明：

玄关鞋柜： 白色混油、纤维板、实木装饰线、百叶门。

设计建议：

1. 玄关鞋柜适合设计百叶门，因为其有着良好的透气性，可使柜体内的空间与外部流通。百叶的设计样式应向下，而不是向上，这样可以阻碍视线，使人看不见鞋柜的内部。

2. 整体式玄关鞋柜，应在中间离地 900 毫米高的位置设计镂空格，方便上面摆放钥匙等常用的物品。

玄关案例（2）

定制产品及材料说明：

玄关鞋柜： 白色模压板、白晶石人造大理石、百叶门、黑漆金属扶手。

设计建议：

1. 当玄关的墙面面积较大，过道宽度足够时，可设计满墙的玄关鞋柜，将空间充分地利用起来。

2. 当玄关鞋柜的设计面积较大时，需在中间位置设计变化，比如改换百叶门，增加置物格等。

定制产品及材料说明：

玄关鞋柜：黑色模压板、杉木门板、清漆。

墙面隔断：杉木、清漆、不锈钢收边线。

设计建议：

1. 杉木设计的隔断，在侧边需采用收边工艺，一般用的收边材料为不锈钢和高分子塑料两种。
2. 黑色边框搭配杉木门板的玄关鞋柜，有着浓郁的自然气息，略显粗犷的质感体现了鞋柜设计的现代感。

定制产品及材料说明：

玄关鞋柜：白色模压板、水曲柳木饰面、纤维板。

设计建议：

1. 采用拼接设计工艺的玄关鞋柜，设计感丰富，充满变化。突出的水曲柳木饰面柜门增强了柜体的立体感。
2. 在玄关鞋柜内部设计暗藏灯带，可提升鞋柜的装饰美感，使略显沉重的满墙鞋柜，呈现出活泼的设计感。